從家開始的美好人生整理

台灣收納教主的奇蹟空間整頓術，
真正克服囤積，找回更好自己的日常幸福實踐

作者序

我是台灣第一個到府教收納的老師，工作是教別人如何抉擇、擺放物品，接著調整空間，或挑選收納品。

我真心覺得「收納」是整理的最後一步。它的過程是很美好的，把每一個你喜歡的東西，整齊的擺放在一個你喜歡的容器裡，然後愉悅的跟它一起生活，它讓你的空間更整齊更有秩序。

不過很多人都把整理的順序搞錯，以為空間不足是「因為不會收納」，或者是買了大量的收納品，最後卻落得「家裡變得更擁擠」的下場。其實，空間不足真正的原因出自於「物品超量」。你整理不好，是因為物品超過你能控制的數量，所以才會收不好、找不到，惡性循環，無止盡重演。

想像一下，如果你只有一雙鞋，需要買超大容量鞋櫃嗎？

你還會擔心每天不知道穿哪一雙嗎？

你會害怕自己忘記把鞋子放哪裡嗎？

當物品減少了，就根本不需要收納品了。也就是說，當慾望減少了，其實就是內心覺得擁有的夠了，知足了。這就是簡單生活、減法人生的奧義。

在整理電腦裡面每一個客戶家裡的照片給出版社的同時，看著上百個客戶資料，每一個空間，每一個客戶整理後的笑臉，每一張照片背後的故事我都記得。我真心感謝，這麼多年來，每一個相信我，願意讓我進入的家，願意接受我收納觀念的人。

回顧眾多案例的故事，有非常、非常多透過整理改變自己人生的奇蹟案例，這是支持我做這個工作這麼久最大的成就來源。看著他們的轉變，讓我真心覺得，自己努力的一切都值得。

當然，也有少許無能為力的案例。像是，不願改變、無法溝通的長輩；排斥整理，對我瘋狂咆哮的屋主先生。那些是不是真心想改變，只希望有人幫他收就好的人也多得是。其實，每一個無法拯救的人都讓我很難過。有時，我會覺得自己無能為力，失落感很重，回家之後甚至好久、好久都還在懊悔。

直到我想起柯文哲還在台大醫院當醫生時說的一段話：

「醫生只是生命花園的園丁，沒有辦法改變人生的生老病死，每一個沒有救活的病患，都是我們的菩薩，教我們變得更好。雖然說是園丁照顧花草，有時候反而是花草的枯榮在渡化園丁……」

聽完這段話，突然之間我明白：自己就像是每一個家的醫生，我盡力了。如果他們不能接受沒有關係，也許在那個當下不是最好的時機，也許其他的家人還沒有覺醒，也許他的心裡還沒有準備好面對。每一個也許，緩和了我對自己的自責，每一個也許，讓我重新調整自己的方式和態度。

也因為這樣，我學會放下。無論在那個家、那個人身上承受了什麼，走出他們的家門，關上門那一刻，輕聲說聲「謝謝！」轉身放下。那句「謝謝！」包含我所有的情緒和屋主的一切。

也因為學會放下，我能飛得更高，走得更遠。

我無法改變每一個家庭未來會怎麼發展，但我由衷感謝能遇見你們。有你們給的機會，幫助我更為更好的自己。從成功中努力，從失敗中記取。

很謝謝這六年來的自己沒有放棄，一直在收納這領域努力，為的是要幫助更多人「脫離被物品控制的生活」。物品終究是物品，即便它承載著我們當時的情感和記憶，但其實你最終都能感恩的跟它說再見。唯一留下的，就是在腦海裡那段美好故事。當你不再讓物品喧賓奪主占據你的一切，你就能過上清爽的人生。

每個不同的個體、每個家，都是不一樣的，當然適用的方式也不同。我曾經幫助過的屋主，非常謝謝你們。你們是我一直以來最大的支持和動力，也謝謝願意讓我分享故事的每一個人，透過你們的故事，讓更多人產生共鳴，讓收納整理的種子，輕輕植入每一個人心裡。我知道，單靠自己的力量去改善每一個家實在有限。為了更有效的推廣，我創立了「中華收納整理推廣協會」，希望藉由協會的力量，讓大家更了解收納，並透過改變自己再去影響家人朋友，讓更多家庭受惠。

無論未來如何，我都會繼續努力，讓收納的幸福遍地開花。也許有一天，我們的孩子長大，不再受囤積之苦，輕鬆就能過上簡單生活，有一段美好人生。

目錄

Chapter 3

常見錯誤收納與囤積類型

Chapter 4

正確收納心法

Chapter 5

把家整理好，改變就開始

Chapter 6

拒絕空間勒索，訂製你的新人生

Chapter 1

為什麼要囤積？

你很希望有一個清爽的空間，你真的很想整理，但面對雜亂無章的環境就是沒有頭緒。乾淨的家，會有好事發生。那麼，你為什麼要囤積？

囤積的根源是？

當你堆積的東西遠超過你可以控制的數量，甚至已經波及、影響到你生活起居，你很可能會從慢性雜亂變成囤積症。生活周遭有很多老人、中年人有這樣的狀況，明明是無用處的雜物，卻不停撿回來不停堆積，即使家人清除，很快又會堆回原來的樣子。

到底教授整理、收納這麼多年以來，我深刻發現，會囤積的人有很多共通的特性，或許，也可以說是「共通的壞習慣」。

一．另一半對環境的要求度非常低

另一半覺得沒差，所以即使想改變的人做什麼，或不做什麼，另一半都沒有任何意見，同時也都不幫忙。

二．失衡的購買慾

對於「家裡很亂」這件事，總覺得空虛無力，於是買更多東西來填補空虛，殊不知這樣造成更大的混亂。

三．重複購買

家裡太亂，要用的東西根本找不到，所以買了又買，於是相同的物品買了N個。

四．總覺得留著「哪天」會用到

其實，你根本不記得它在哪裡？也不記得自己有買過，「哪天」這個未來需求，是在怎樣的情況下會用得到？

五．習慣把東西堆在地上，或角落

千萬不要把東西放在地上！有一袋就有十袋。放在地上的東西，久了，就像是會繁殖、無性生殖一樣，一袋一袋一箱一箱陸續集中，向上或向兩側蔓延。

六．養成教育、生活習慣問題

從小，就沒有習慣倒垃圾，甚至不知道如何分類垃圾，不知道怎麼清潔，買了清潔用品也不會打掃。

七．常用忙碌，來當作不會整理的藉口

一直用逃避的心態來面對，其實真的下定決心就能做到。

八．從無力感轉為放棄

反正都這麼亂了，就算了吧！反正都堆這麼多了，再堆一點也沒差。

囤積，有時候是心病，一種缺乏安全感的精神病，除非當事人能面對，或願意接受治療，否則這樣的情況只會無限輪迴。我曾經去過一個囤積症媽媽的家，整理過後，我們丟掉了一整台小貨車，用黑色垃圾袋裝的衣服量和N包垃圾的雜物量。這個媽媽把女兒從出生到現在，共27年來的床包都留著，40、50年來的衣服都留著。家裡還有八百多張名片、上千支筆、數不清的包包，通通占據在她的床、她的書桌和衣櫃。

我覺得收納工作像家的心理醫生，透過目前環境的狀況，去找出每個人生活在雜亂裡的真正原因。聽聽他們的故事，用精準的態度矯正他們收納的盲點，用整齊的力量影響他們未來的人生。

為什麼要囤積?除了上述八種狀況，還有什麼共同原因，或是特殊案例，會讓人不自覺有了囤積的念頭和行為?讓我們接下去看。

囤積之因1　突然遭受的打擊

囤積的發生，很多時候在於突然遭受的打擊。這個打擊給的壓力太大，導致無法好好面對生活周遭的種種事物，最後任由雜物蔓延，吞噬本來的空間。

這是姊妹們會遇上的案例。這位媽媽有一個5歲的女兒，一年多前，盼了好久的二寶降臨了，懷孕5個月卻頻頻出血，在醫院整整安胎一個月。最後，孩子還是走了，引產生下沒有心跳的寶寶是她畢生的痛，有整整一年的時間，她每天起床就像失了魂一般，什麼事也做不了，除了哭泣還是哭泣。她討厭出門，害怕親友鄰居的眼神，更嫉妒每一個在路上遇見的孕婦。心裡的創傷讓她無心在家事上，久而久之，家裡成了一座堆積大量雜物的倉庫。

直到某一天她突然驚醒，發現自己不能再這樣下去。她好想再懷上一個寶寶，想給孩子一個乾淨的空間，於是請我幫助她。

改變開始

原本三人座的沙發只剩一個小空間，其餘都堆滿了玩具和包包。電腦桌面也被物品堆得滿滿滿，餐桌放滿東西，餐椅也附加掛外套的功能。更無奈的是，本來瘦長的走廊堆滿雜物，只剩下一個人側身勉強能走過的空間。

主臥室堆滿大量衣服，所以一家三口擠到小孩房，小孩房有兩張床，但是一張擺滿雜物和書籍，不仔細看還真看不出床的原貌。

我們像遊戲闖關一樣逐一突破，丟棄和捐贈了不必要的雜物，媽媽不停反省的說：「我家就是被這些東西搞這麼擁擠……」在我的教學下，媽媽勇敢面對髒亂的環境，抉擇雜物的取捨變得更果決，更有自信。

最後，客廳的沙發恢復乾淨樣貌，電腦桌上不再擺滿雜物，餐桌能舒服的坐下吃東西，零食們用透明的方式收納一目了然，不怕放到過期。在主臥室，也輕鬆的能拿到需要的衣服，本來幾乎沒地方能睡的小孩房有了全新樣貌。

以後媽媽可以在乾淨寬敞的小孩房裡，從整齊的書櫃中挑一本繪本唸故事給孩子聽，也躺能在主臥室的床上好好睡覺了。

讓媽媽最頭痛的就是家裡最尾端，那斜角的倉庫空間，號稱「大魔王」的這裡除了有爸爸的衣櫥、爸爸的鋼彈收藏，以及搬家後無法歸位的物品，還有滿滿的恩典牌衣服。原本「大魔王」想留在最後一天和爸爸一起進行，但當我在倉庫角落查看物品種類，媽媽在倉庫門口找東西時，突然出現「砰！」的一聲……

那一瞬間，堆在桌子上滿到天花板的物品像山崩一樣垮下來，把我和媽媽區隔開來。我被困在雜物裡動彈不得，媽媽則被隔絕在倉庫外面進不來，兩人只能看到對方的頭，下半身完全被雜物淹沒。這時，我馬上用激勵的語氣告訴她：「你一定要來救我！」也許是命中註定，要我們要快速解決這間倉庫，本來還有一點捨不得的媽媽，開始卯足全力把不需要的東西清掉，最後終於開出一條路救到我。

原本，倉庫鐵架上的東西都是「一箱箱隨意放置，裡面什麼都有」的囤積品。我請媽媽「每一箱都要打開！」媽媽當然超傻眼，東西已經很多，竟然還要開？沒錯，因為你不面對，就永遠整理不完！

於是，我們把所有箱子裡的東西全部拿出來、拆開、重新分類，加上倉庫是斜角空間，我請爸爸再買一個一樣的鐵架善用畸零空間。至於最讓媽媽頭痛的「恩典牌衣服」，由於媽媽想留下來給二寶用，加上友人一直贈送，長輩也買，數量多到她無法處理。一想到未來若還要用，想拿還得一包包重新打開找，我的做法依舊：「全部拿出來重新分類，依照種類和季節分類」，然後就可以很快找到需要的，再利用可愛的箱子區分，滿了就不能再撿。當然，還要告訴自己：不要撿這麼多，不見得穿得到。

看到原本堆滿雜物根本看不見的桌面，重見天日，爸爸好高興。我們把原本隨意放在

Before

After

走廊上的直取式收納箱，放在桌子下收納爸爸收藏的玩具和工具組剛剛好！

給親愛的你

我也曾發生過跟你一樣的悲劇，期待好久的孩子，因為送子鳥的疏失，給了我一個瑕疵寶寶。當我出血趕到醫院的時候，孩子已經不見了，我哭了好久……但我依然堅信，送子鳥會彌補他的業務過失，再給我一個健康寶寶。半年後，我再度懷孕，現在寶寶也健康出生長大了。

乾淨的家，會有好事發生。你是一個好棒的媽媽，健康的孩子很快就會回來。

囤積之因 2 不願面對的真相

很多時候，囤積者往往覺得，留下物品就能留下回憶，卻忘了自己的時間軸應該拉回現在、面對現實，而不是讓自己在充滿回憶的雜物中痛苦掙扎。

這是你我身邊可能都會有的案例。

在教導一位中年媽媽收納自己家的過程中，她生了一場大病。這時，她突然發現自己這些年為了孩子、為了家庭燃燒自己，卻從沒在乎過自己的身體，也沒正視過家裡失控的環境，直到自己生病，忙碌的她停了下來，才驚覺自己住在堆滿物品的家，即使現在想放鬆養病，也無法開心。

面對幾十年來沒丟過、一直累積的家，所有空間滿滿都是東西，還塞得到處都是，走廊、玄關、客廳，東西多到快要不能喘息。她曾經想要自己動手整理，但無論買再

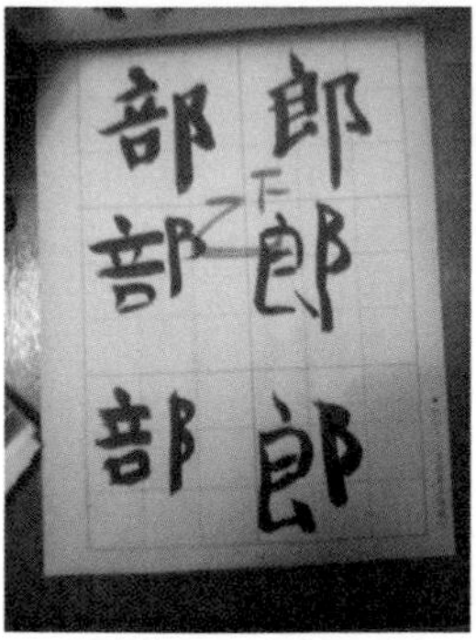

多收納的書，面對雜物總是無法抉擇，一再卡關。東西只是不停換地方堆積，鴕鳥心態的眼不見為淨。她甚至以為，買一些漂亮的水晶門簾來美化就能改變環境，但是美麗的東西在雜亂的屋子裡，就像垃圾一樣無用武之地。

人在遭逢巨變、絕望的時候，反而會產生放手一搏的強大意志，那股力量會強烈的告訴自己：「必須要做些什麼」，所以她豁出去，請我教她「丟東西」。

「這是我女兒小時候的跳繩，不能丟！」

「這是我大兒子小時候的足球，不能丟！」

「這是我小兒子小時候的書法作業，不能丟……」

面對玄關滿滿的雜物，當我每拿一樣物品問她：「這是什麼東西？」她就不停為東西找理由、找藉口留下。

「現在的你，最希望的是什麼事情？」在什麼都動不了的時候，面對眼前這位「找藉口留下」的媽媽，我只問了一句。

她停頓下來，思考了現在的處境，所有孩子的房間都堆滿雜物，進不去。久了，孩子再也不願回家。大女兒和大兒子長期在國外，小兒子甚至在附近租屋也很少回來。她病了，罹患癌症的她真心希望，孩子們能回家看看她。

現在的她沒有準備好，也沒有能力面對、處理她的雜物，所以我無能為力。於是我告訴她，等她想清楚，真的做好準備再告訴我。

改變開始

離開之前，她突然很沉重的有感而發：生命到了最後，其實什麼都帶不走。

從那一天起，一開始原本什麼都不丟、什麼都找藉口留下的媽媽，到後來，突然覺得東西都丟不夠多，甚至半夜爬起來繼續丟，放假日一樣不停的在整理。

每一次的丟棄，都是告別過去的自己。每一次的整理，都是重生的契機。丟掉女兒的跳繩，不代表女兒不成長；丟掉兒子的足球，兒子的童年仍在；孩子需要的，是乾淨的房間，是回家時可以好好休息的房間。

最後，我們還原了房子最原始的樣貌。女兒的房間只需要一個化妝台和那架鋼琴；兒子的房間只需要一張書桌和單人床。真正需要的，就是如此簡單。

現在的你對自己的決定有信心，可以清楚分辨自己真正需要的東西。當你願意停下腳步看看周遭，當你願意跨出那一步讓我來幫你，所有的一切都來得及。

給親愛的你

你很棒，也很勇敢，壞的事情會隨著囤積的雜物一併帶走。我相信環境是改變身心最重要的一環，當你的家去蕪存菁，只留下最美好的物品，你可以輕鬆養病。放自己一個長假好好休息，學著愛自己，生病是就是讓你轉念的動力。我相信你能戰勝雜亂的環境，一定也能戰勝病魔。你一定要相信自己。

囤積之因 3 活在過去的輝煌

這也類似前一篇不願面對真相的類型，只是這裡「曾經榮耀過」，但這個榮耀至今仍不肯放下（或者說是，當事人不願面對失敗），只想透過留下東西，來證明自己曾經努力發光的痕跡。

這是家裡有位女強人媽媽的案例。

這個上班族女孩的家，是間狹小的老舊公寓，格局和結構其實都已經不太符合現在的需求，而且家裡還有位勤儉、愛囤物的媽媽，導致家裡到處堆滿雜物。即使她一再請媽媽整理，但面對裝滿滿的屋子，媽媽半吊子的整理方式，依舊不丟東西，只是不斷把東西到處塞、到處堆積的態度，讓雜物逐漸蔓延到地上，甚至家裡的每個角落。無奈的她，只能把自己房間當成小套房的模式居住，盡量不讓自己的物品也跟著埋在家裡。可是，亂七八糟的家不像家，於是她開始討厭回家，也好幾次跟父母親吵著說要搬出去，但卻無疾而終。最後，她在父母出國的這段時間，請我救救她的家。

我環顧她家客廳，到處充滿、亂散著文件和書籍，還有辦公室的物品。她無奈表示，這些都是媽媽從公司搬回來的。媽媽當了20年的總經理秘書，見證了公司的興盛到衰敗，最後倒閉；然後，媽媽竟然把公司所有的物品都搬回家了。

整理的過程中，我同理媽媽的心境，公司的東西明明沒用了，但為什麼還要整天跟這些雜物生活在一起？

因為媽媽在公司工作20年，這些就是她心血的結晶，事業的成績。即使公司最後倒閉了，但她仍想要留下這些東西來證明自己過去的努力，就像留著小時候的「好寶寶卡」來證明自己曾經光榮過的痕跡。當然，這些東西也象徵她依舊不肯面對失敗的現狀。

整理書櫃時，女兒激動的想把媽媽所有公司的東西都丟棄，但我建議她要尊重媽媽，所以我們把所有媽媽留下的文件做初步篩選，文宣和不重要的丟棄，其他、大部分的東西還是留下來擺整齊，文件歸文件，書籍歸書籍，這樣的分類舉動是讓媽媽回來後，能好好面對自己的心境，在整理好的公司物品中，學會自己做抉擇。

改變開始

女孩請了朋友和男朋友一起合力整理，我則把原本拼拼湊湊的家重新定位，把書房和辦公區劃分出來，讓亂七八糟的客廳有了新的面貌。雜亂的沙發，滿到只剩五分之一的餐桌，爆炸的書櫃全都還原了。連擁擠的走道經過重新規劃後，都變得乾淨舒適。所有空間變得乾淨、整齊，家裡煥然一新。

我們也整理了狹窄的廚房。這裡一樣被媽媽囤積了大量雜物，她無奈表示，媽媽每次煮飯都要煮很久，因為光是把東西移開就要花很多時間，小小的廚房堆滿大量空罐、塑膠袋、臉盆，鍋具只能綿延到地上，之前甚至出現過老鼠和蟑螂，導致女孩很討厭走進廚房。

這樣的廚房看在一般人眼裡，根本無法下手整理。不過，女孩在我的引導下進行分類整理，我們丟棄了大量空罐、空瓶、塑膠袋、橡皮筋，然後把所有廚房的物品都淨空出來，分類整齊。同時，也把長年累積在櫥櫃後方的蟑螂大便清乾淨，廚房就像全能住宅改造王一樣，露出了原貌。地方雖然老舊，但它曾陪伴了爺爺、奶奶，到現在爸爸、媽媽還有女兒，廚房原始的樣貌其實還是很棒的。

接著，我們組裝了男友從好市多扛回來的超重黑色鐵架，依序放上鍋具，放上大創挑選的塑膠籃來收納碗盤們，還有保鮮盒們。最後，我利用門後勾，將它改造成吊掛湯匙、鍋鏟的地方。就這樣，本來幾乎沒有地面的廚房煥然一新，整齊陳列了媽媽需要的任何物品，乾淨又清爽。

後來媽媽旅行回國，終於不必在廚房裡移來移去，可以在乾淨的檯面上切菜，轉身拿取需要的鍋具和碗盤，重新開始新環境新人生，為辛苦的女兒做一道道的幸福料理。

給親愛的你

一直以來，爸爸媽媽把囤積和惜物搞混了。無法容忍父母生活習慣的你，透過整理的過程同理父母，實在很棒！現在，生活在乾淨的家，你一定能讓他們漸漸釐清囤積和惜物之間不同的差異，使全家人更能為這個家努力，讓這間陪伴大家好久的老舊公寓，也能擁有嶄新的清爽樣貌。

囤積之因4 沒經過經篩選的未來

造成囤積的原因，有一個很常見的理由，就是沒有篩選，就完整接收別人送的，也就是所謂的恩典牌。

這是很常見的案例。這對夫妻平時忙於工作，下班還要照顧三個女兒，忙得不可開交。家裡明明超大，卻沒有任何一個可以喘息的空間；沙發堆滿包包和衣物無法坐下，書桌堆滿雜物無法寫作業。書櫃前堆滿雜物，所以孩子無法上前一步，連遊戲間也堆滿紙箱，同時還被眾多衣物籠罩。即使媽媽想整理，整個家的物品也已經多到讓她無從下手。

從中，我分析出全家人收納盲點：一，爸爸是東西拿到哪放到哪的個性，找不到就再去買，於是家裡找出許多重複的物品。二，媽媽是來者不拒的溫和個性，所有人家送的恩典牌，照單全收！舉凡書籍、玩具、衣物、包包，完全不顧自己需要「不懂拒絕」，孩子最大的才7歲，卻接收一堆要到17歲才能穿的衣服鞋子。

改變開始

我分析給媽媽聽：「或許這些衣服鞋子品質很好，不拿很可惜，但孩子至少還要十年後才穿的到，你為什麼要花這麼長的時間空間堆積這些物品？」也許放到最後早就忘記，甚至搞不好想穿的時候衣服已經泛黃、變質；或者保存不易，鞋子的底已經分離。

接收恩典牌，盡量是挑孩子近期就能穿的，因為你知道自己還是會再買新的給孩子，撿得再多也不見得穿得到。加上整理這些衣物需要花更多的時間、空間和精力，生活這麼忙碌，我建議媽媽恩典牌的部分，數量要精簡再精簡，拿需要的就好，不要讓人習慣把什麼不要的都往你這裡送。

Before

After

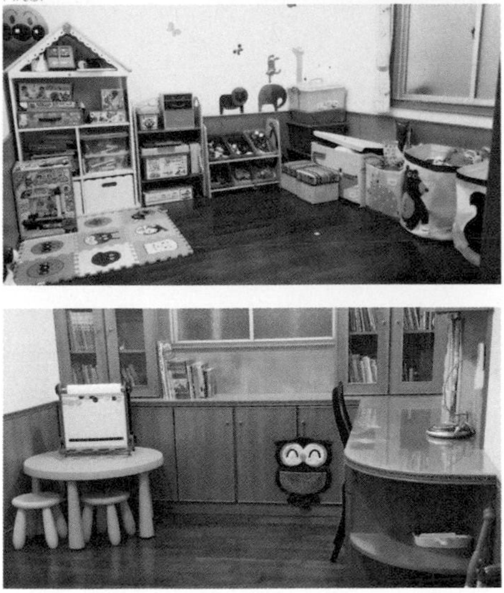

媽媽豁然開朗，我們一起整理，後來爸爸也加入，在整理過程中檢討自己一再重複購買的原因。被雜物淹沒的遊戲室終於重見天日，三個孩子一起幫忙打掃、整理好開心。

給親愛的你

不要讓別人的好意變成無意義的堆積。最簡單的方法，其實是告訴對方你的需求，越明確越好。就像我自己，我會告訴朋友，我只需要六個月寶寶的長袖衣服和褲子，朋友在整理給我的同時能很清楚知道我要什麼，不用擔心亂送或是給了我根本用不到的東西。至於收到恩典牌的我也很輕鬆，只要洗一洗，就能馬上給孩子穿，還能順便拍照給他看謝謝他。再也不用花多的時間精力和空間整理和囤積。

與其來者不拒讓自己困擾，不如直接告訴對方你需要什麼。雙方都能更又效率整理恩典牌，讓物品發揮更大價值。

囤積之因 5 環境反映的心理

所謂環境反映內在與心靈，更與健康、改變身體現狀有著至關重要的連帶影響。囤積的環境，往往是造成身體不適的最大主因。

這個案例，屋主是一個資深的百貨櫃姐，她預約倉庫收納。剛到她的家的時候，我一上樓馬上覺得空氣混濁，四處散發悶悶的異味，明明窗戶是開著的，但空氣卻完全沒有流通。我很清楚，這是「停滯氣」，也就是雜物間散發著不好的氣。

「你不覺得你們家的空氣很悶嗎？」

「我們也覺得空氣很不好，所以常常要開冷氣才會舒服一點。」

「你長期住在這種環境，身體會很差的。」

聽到這裡屋主突然驚覺到什麼，便娓娓道來。

她長期因為生理期的異常經血量，導致需要用上成人尿布，看了醫生才發現，原來她的子宮內竟然長了30幾顆肌瘤，也因此造成身體嚴重貧血。可是，這種狀況卻也沒有醫生願意冒風險幫她開刀，所以她身體一直很差。

她的房間是鐵皮屋加蓋的二樓，在靠近屋簷的較窄處的一扇門的後方，規劃了倉庫空間。倉庫很深，卻因為靠近房子屋頂尾端，所以高度非常低，最高的地方只有160公分左右，最低的部分只有30公分，光站在裡面就很難站直。

倉庫但因為從祖父時期就不停累積東西，也不曾清理過，等到他們接手的時候，物品已經累積到門無法完全打開的境界。放眼望去，盡是堆到滿屋頂的雜物，連爬都爬不進去。

甚至連遠方的雜物都深遠不見。由於這是個挑戰，我難得入鏡拍照，想證明我一定能拯教屋主，協助她家克服囤積惡習的決心。

改變開始

這是我收納史上最艱難的收納案例，除了炎熱的鐵皮屋、汙濁的空氣、堆滿到天上的雜物，還有不停撞到頭的屋頂。最難忘的是，小強爬上了我的脖子，雖然我不怕小強，但小強你也不能爬上我的脖子啊啊啊……（那觸感喔我的天吶！我的生命值幾乎掉了一半，不過我不會放棄。）

因為倉庫全滿，而且根本無法有分類物品地方，所以我們只能一點一點的把雜

Before

After

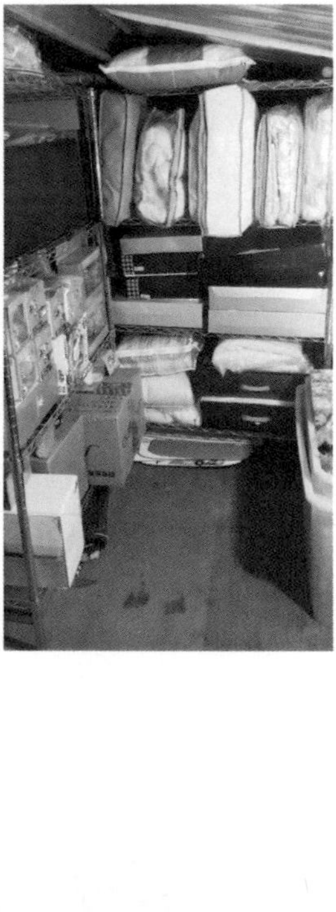

物搬運到房間分類，然後就這樣破解到屋簷的最深處。不誇張，裡面什麼都有，祖父時代的蒸籠、蓑衣、公公的門把、電線、老公擺攤時的生財工具，大姑的衣服、大伯的書、二伯的桌子……，簡直是大雜燴。

因為沒有經過同意不能亂丟，所以我請屋主把所有東西依照擁有者分類好之後，擺放在同一區。屋主夫妻的東西，則是利用四個150公分的鐵架，清清楚楚的收納起來，床包、公仔、收藏品和拍賣品，隨手就能拿到需要的那個。於是，倉庫終於出現地板，每個東西都有了自己的位置，根本是奇蹟。

接著，剛好也在倉庫裡發現閒置的鞋架，便組裝起來，正巧可收納屋主的包包，最上方則用籐籃收納零錢包、小包包。第二層則是化妝包、小提袋，接著是中的包包、大的包包，所有包包一覽無遺。

然而，這當中最不可思議的是，當房子整理好的時候，空氣竟然開始循環、對流起來，還吹進一股清新的風，空氣十分舒暢，這讓疲勞的我們彷彿重生了一樣。

給親愛的你

即便倉庫裡堆滿了不同家人的東西，即便遭遇困難不知該如何下手整理，你都不放棄，一樣選擇跟我一起面對處理，這樣的精神讓我非常感動。相對的，當你勇敢面對你的環境，徹底改變它了，反映的內在身體、健康也會用好的方式回饋給你。

Chapter 2

擺脫囤積
減法生活的 10 個思考

人很有趣，很容易被流行牽著走，最常見的就是「我也要」的跟風，這也是最容易產生雜物、造成囤積的心態。漫無目的的花錢買、擁有，是自我肯定的假象，囤積更是為難以後的自己。你真正需要的是面對自己的自信，那些用不到、不需要的東西，請馬上斷捨離，立刻捐贈或送出去。

01 反思購物習慣

「當你不持續購買，你會更重視你所擁有的！」這是二〇一八年的第一天，我許下一個心願：這一年我要努力過自己的「質感生活」。當我看著我記帳的項目完全沒有其他開銷，只剩下：交通費、伙食費、放鬆費（洗頭＋按摩）和充實費（買書、課程，自我提升的花費），突然覺得，我找到了自己想要的理想生活。

停止購買，能讓人反思自己的購物行為

曾經有一個客人，總是覺得自己沒衣服穿，我們到他房間後，翻出滿坑滿谷吊牌都還在的衣服，但他說：「這些其實都不適合我……」

「既然知道不適合，為何還會買那麼多？」我納悶思考。

回推到他的生活才發現，他一直努力想考公職，但考了三年都沒考上。而且每次回家，父母總是用一種：你到

底何時才會考上的眼光看他，讓他備感壓力，變得很討厭回家。所以每當公職補習下課後，他就去逛街，拖延回家時間。然後每次逛街跟店員聊天，空手出去總覺得不好意思，於是店員隨便推薦的衣服，即便不好看、不適合自己，他還是會因為不好意思而勉強買下，導致現在清出了「10袋不適合自己的新衣服」的局面。這是當他停止購買，開始檢視自己的衣服，並反思購物行為才發現的！而且或許這裡也可以反思：考公職這條路，究竟適不適合他。

舉我自己為例，當我決定執行「不購買行動」，也開始反思自己的購物行為。我發現，我真正喜歡的並不是衣服本身，而是喜歡去挑選、去搭配的這種挖寶舉動。當我發現自己的購物行為是這個樣子，很快的，我就找到了解決購物渴望的辦法：可以從工作中滿足！

由於我曾經當了10年的櫃姐，對穿搭很感興趣。去做收納教學時，遇到不知道自己適合什麼，一直在亂買錯誤中循環的客人，我就會帶他們去買衣服。教導他們找到適合自己身形的穿搭，同時找回自信。而且，在幫他們挑選、購買的同時，我也滿足了自己的購物渴望。相同的，以前喜歡逛家居、家飾的購物行為，我也可以從帶客人去挑選適合的收納品和家居布置中，得到滿足。

同時，我也做了一項測試：在二〇一七年底買了兩件衣服，不拆吊牌、不穿，掛在衣櫥前每天看，想知道喜新厭舊的原因是：

1. 是因為穿了所以喜新厭舊？

2. 還是有其他什麼原因？

一個月過去了，我赫然發現一個驚人的事實！那就是：即便不穿，從擁有的那一刻到習慣的過程，心態就會從新鮮轉變成習慣進而喜新厭舊。這真是太可怕了！而且，購買時的喜悅和新鮮感是有極限的。人，並不會因為買了5萬元的東西，就比買5千元的東西多了十倍的開心。無論是金額或是數量，喜悅的程度是有上限的。

每一個女孩都一樣，每次打開衣櫥都覺得沒衣服穿，總覺得衣服就是少那麼一件，或是擔心老是穿重複衣服會不會有人發現？以前我也會有這樣的憂慮，擔心別人覺得我怎麼穿來穿去都那幾件？直到有天我在書上看見這一段話：即便是在曼哈頓這麼時尚的街上，有一隻豬每天穿一樣經過，也不會有人發現！

真是一語點醒夢中人。說真的，我們連另一半昨天穿什麼都沒印象了，更何況別人對我們根本沒這麼在意，一切都是自己多心了。而且，對於重複穿的衣服，我還有了不同的見解和體悟。那就是：賈伯斯和祖克柏總是穿著一樣的衣服，但從沒有人對他們的衣服有意見，因為比起穿搭，大家更在意他的才華。而且，相同的衣服反而讓人對他們的辨識度更高，因為那穿搭儼然變成他們的正字標記，充滿個人特色。同時，穿一樣，把便服制服化的好處，就是每天不用花時間在思考要穿什麼這件事情上，可以把時間拿去做其他的事。

當我不再持續購買，心境上竟然出現了極大的轉變！就像，以前總是覺得沒有衣服，但現在我能好好面對我每一件衣服，正視它們的存在，跟它們對話。突然覺得，自己擁有的已經夠多了，非常滿足。這也像超市裡賣的飲料選項，若只有3種口味，你很快的就能選出自己最喜歡的那個口味，但如果選項高達10種、30種以上，一瞬間你會突然不知道自己想要喝什麼，思緒變得很亂。

無欲則剛，少即是多；擁有越少越快樂。人生其實只要靠20％的物品，就能撐起整個80％的生活。我發現，人真的不用執著在物質，心靈的富足才是最大的提升。

反思自己的購物行為，從源頭遏止不適合的囤積。努力做到只花基本開銷，不再額外購買其他東西；把現有的衣服發揮到淋漓盡致，把目前擁有的物品用到壞再添購。東西越少，越能運用現有的做更大的變化。當你環顧所有的一切，會發現自己什麼都有了，很知足。

02 買多沒有比較便宜，免費最貴

「請問要加購後面商品嗎？」結帳時店員詢問。

明明你只是進來買盒眼影、買條唇膏，怎麼店員一問，突然覺得洗衣精和面紙都好便宜，順便一起帶好了！就這樣，每一次的順便就形成了多買的惡習。

現在購物太便利，誘惑也多，很多時候我們就像被催眠一樣，一不小心，就帶了不需要的物品回家。就像前往美妝店買東西，當店員隨口詢問要不要加購，就手滑買了一開始沒有打算要買的東西。接著，東西帶回家之後就遺忘在某個角落，等到哪天發現，又已經過期，或是又重複買了相同的物品造成囤積。

這種情形最常見的是「線上購物湊運費」。你也許挑了幾件喜歡的衣服、物品或幾本書，結帳時發現差100、200元就可以滿額免運費。為了「免運費」這三個字，又多湊了幾件不怎麼樣的東西，然後收到物品時，這些你多花、湊的100、200元商品，卻不怎麼討你喜歡，於是就永遠被擱置在角落。

如果只買真正喜歡的，加上運費後或許還比較便宜

也許你買了1,000元只要再加80元就能送到你家，但你卻多花了100元甚至500元買了不愛、不需要的東西，只為了湊「免運費」。仔細想想，為了湊而湊，沒有比較划算。

過去，我在百貨公司上班的時候，周年慶常常會有滿額送贈品的活動，比方是全館滿15,000元送行李箱之類的，很多客人聽到送行李箱，眼睛都亮了，哪怕是差3,000元，也要再多買其他東西湊滿15,000換個行李箱。殊不知，其實贈品行李箱的品質真的非常普通！而且，如果你真的缺行李箱，3,000元再多貼一點點，都可以買一個中高級，而且外型還是你喜歡，更堅固耐用的行李箱。

還有一個重點是，「貪小便宜」通常也是一個造成囤積的原因。最常見的就是免費發送的原子筆，廉價的塑膠筆身上印著某某廣告，不好寫之外，常常放著就乾掉沒水了，還總是覺得不拿白不拿。殊不知，看似小小的原子筆，累積起來也是惱人的雜物。

我的收納日本老師說：注重筆的人，通常也會是個成功的人。

想像一下，你現在正要簽一張保單，保險員從他的口袋裡掏出筆給你簽名：

第一，是一支綠色的印著某某當鋪廣告的原子筆。

第二，是一支普通書局看的到的原子筆。

第三，是施華洛施奇的水晶筆。

同樣都是筆，第三支筆是不是讓你覺得受到尊重程度完全不同？

若希望能當個成功的人，請你好好重視你用的筆。

貪小便宜，是你看似拿了免費的、賺到了，卻不知不覺打造了自己廉價的形象。再想像一下，某天你的朋友拿著印著選舉人名字的面紙送你，還興奮告訴你說：「你不是很喜歡蒐集這種東西嗎？我覺得超適合你！」收下免費面紙的你，作何感想？

免費的最貴，這是不爭的事實。看似免費拿進屋的贈品，無形中占掉你昂貴的空間、坪數，還讓你變成一個廉價的人，得不償失啊！

03 買一個夢想，真有比較快樂？

買了再多的鍋子，我們也不會是阿基師；買了日立，我們也不是孫芸芸。廣告總是賣我們夢想，讓我們覺得，好像得到那樣東西就等於過上那樣的生活。殊不知，砸大錢買了，我們還是過著一樣的生活。多了的，只是花更多錢買來的雜物，還有帳單上刺眼的數字！

我曾經教導一個女孩整理衣櫥，很顯然的，她對自己的衣櫥一點都不熟悉，甚至還有很多沒有穿過的衣服。我們不停的試穿、淘汰，最後女孩看著自己淘汰的衣服，突然脫口而出：「我丟掉的，好像都是跟同一位賣家買的。」一瞬間，我馬上明白了什麼。

「你買的是對她人生的羨慕。」我一針見血的告訴她。

女孩頓時啞口無言，思考了一會兒，然後娓娓道來。

「那個賣家是一個音樂家，她很會穿搭，小孩很可愛，老公也很有錢，常常出國。感覺每天都過得很幸福，我的身材跟她差不多，所以只要她穿的我覺得不錯都會買。但是……」

「但是……你不是她，即使身材一樣，穿上了跟她一模一樣的衣服，你也不會變成她，不會跟她過一樣的生活。」我回。

她突然醒了。原來，因為對自己的穿著品味感到自卑，加上對那位個賣家的憧憬，一時間，女孩以為買到了跟她一樣的東西，就能過著音樂家一樣的人生。可是，真的得到了物品的時候，現實的落差又再度打擊自己。一樣的身材穿一樣的衣服，卻穿不出她的自信感，穿了也沒辦法跟她過一樣的日子，反倒讓自己變得更拙劣。

買這麼多夢想中的物品、衣服，你快樂嗎？不！你一樣陷入自卑感裡。花了這麼多錢，你買的不是自己真正需要的東西，而是用了這麼多空間來囤積，最後生活還是一團亂。

面對你內心真正的渴望

親愛的，我教導你整理衣櫥，其實是要你面對自己，要讓你徹底清醒、知道自己買的是對夢想人生的羨慕。所以，我們要丟掉這些羨慕，好好的回過頭來，檢視自己的生活。你很好！有位很溫和的老公，很疼你，就像大哥哥一樣；也有個可愛的兒子，聰明乖巧，甚至你還有間漂亮的房子。當你覺醒、燃起收納魂之後，家裡變得整整齊齊，特別是丟掉了大量亂買的衣服，剩下的那些，就是讓你覺得舒服、好看的衣服，也是真正的你。所以，你匱乏的不是衣櫥裡的衣服，該丟的是你以為比不上別人所產生的自卑感。

我們都不是別人，你就是你，世界上唯一的你，所以沒有人能和你比較，也不需要比較。或許，我們都會有羨慕他人的夢幻情結，但請回頭看看你所擁有的，並檢視自己的生活，真有因為買了夢想而比較好？親愛的，我建議，請在每天的生活裡加一點感恩和珍惜的心，謝謝你所擁有的一切。這麼做，我相信你會發現，自己擁有的不需要多，知足才是最大的擁有。

04 斷絕購物慾

很多人問我：「該如何克制自己的購物慾？」

其實我覺得慾望可以透過人的意念放大縮小，當你不持續關注在獲得與購買上，想要的慾望就會變得很小，變得更知足。當然，斷絕購買慾還有很多方法，以下可供你執行。

第一個，就是斷絕所有誘惑的來源！關掉所有購物社團，因為購物社團或是臉書直播賣東西，只是滑過、停頓了一下就漸漸被洗腦，不小心就忍不住喊價或是加一？對吧！

二是刪除所有購物APP。因為本來覺得不需要的，怎麼看著看著忍不住就下標了？發現時東西已經寄到家裡來了？是不是！

三是解除追蹤的部落客。那些必買、一定要入手的生火業配文，天天讓你覺得不買對不起自己，但真的收到才發現根本沒部落客說得這麼神！

建議請跟上述這些常常不小心讓你失心瘋的購物來源說再見。如果你真的需要，你可以自己上網搜尋，不需要靠這樣被動的來源搞到亂買東西進來。另外，喜歡的商品，當下覺得非買不可的，可以放入購物車之後，過一星期再回來看。有時你會發現，當購物衝動消失，本來買不可的物品，現在看起來可有可無。

還有，最根本的做法就是實際執行「不去逛」這點！這招對我超有用，以前我總是經過、逛一下看看，就不小心就買了。當我不去逛，就徹底解決了這個煩惱。還有，購買物品時，可以思考一件事：「有沒有可以取代的物品？」或是問問自己，「是需要還是想要？」若真的買了，「要放哪裡？做什麼用？」

關於斷絕衣服購買慾，有一個終極辦法，就是拍下衣櫥內部照片，如下頁製作一張表格，記錄衣服的數量、金額，拍照存檔。想買衣服時看看這張表格，就可以避免重複購買的窘境。表格，也可以讓你檢視自己的購物行為，方便統計自己買對和買錯的商品，進而更精準地挑選適合自己的衣服。

【舉例 1】

1	衣服品牌	UNIQLO
2	款式	長袖襯衫
3	來源	百貨公司購入
4	顏色／花色	白色
5	材質	棉麻
6	價格	790
7	心得	材質很舒服
8	為什麼喜歡？ 為什麼不喜歡？	很喜歡，搭配性很高

【舉例 2】

1	衣服品牌	菜市場沒有品牌
2	款式	寬鬆上衣
3	來源	阿姨贈送
4	顏色／花色	鮮紅色大花圖案
5	材質	雪紡
6	價格	190
7	心得	穿起來悶熱不吸汗
8	為什麼喜歡？ 為什麼不喜歡？	太寬鬆，穿起來老氣

05 別以珍惜為藉口，留下卻無法善用

在我所有到府教收納的案例裡，面對最多的就是衣櫥問題。大多數人的衣櫥只進不出，發現衣服塞不進的時候已經為時已晚，整個衣櫥已經蔓延成「土石流」，一路流到地上、床邊，還有每一個平台上。明明有大衣櫥，卻很少打開，因為裡面完全爆炸，打開會有「土石流」。所以，衣服穿來穿去都是堆在椅子上的那幾件，也老覺得自己沒衣服穿。

有些人要到換季，才想要一口氣清出不需要的，其實有點辛苦，因為數量太多，最後往往整理的很累很累，卻沒有什麼成果。

要檢討的是消費習慣，其次才是收納原因

上網的時候，不小心看到特價馬上點進去看，但腦波太弱，覺得穿了一定可以跟上面的模特兒一樣正，不知不覺越買越多，結帳時突然又看到滿千免運，於是又胡亂湊

了幾件湊好湊滿。逛街的時候，店員太會介紹、服飾店的鏡子照起來身材特別好，「天啊！這是我的菜！」非買不可。百貨換季出清、單一特價的時候，「天啊，這麼便宜，不多買對不起自己！」明明是陪朋友逛街，最後買最多的是自己……

與其花一堆冤枉錢買不適合的東西，不如丟掉它們，從錯誤中學習，告訴自己不要再重蹈覆轍。把瞎買的錢省起來，買那件你真的肖想很久，卻因為價錢下不了手的衣服。因為這樣你才會特別珍惜，不會用隨便的心態對它。

至於那些錯誤的衣服，捨棄它們之前，先謝謝它們，再回收或捐贈出去，你才能更精準的學會買對衣服，下次買的時候，想想那些丟掉的錯誤款式，很快的你就能從衝動購物中清醒。

對了！也有些人會說「不穿的衣服可以當居家服！」親愛的，你都已經不穿了，何必硬要賦予它奇怪的使命？或許你也會說「可以當抹布！」但說真的，衣服就是衣服，抹布就是抹布，除非你的職業是黑手有好多汙垢、髒汙要擦，否則看著自己的衣服拿來當抹布，你心裡做何感受？

衣服，代表的是人的各種階段

小嬰兒時期寶寶穿包屁衣，小朋友穿童裝，國中生、高中生穿制服，出社會穿套裝，媽媽穿媽媽裝，老了穿阿嬤裝。衣服代表的是人生階段，無論這個階段分得多細，每一種衣服，都象徵你人生中的某個時間點。

很多時候，我們會看著自己過去亂買的衣服，不停的懊惱。年輕的時候覺得自己身材好，一定要盡情展現，所以很敢穿、穿很辣，或是刻意表現得成熟穩重，買超齡的老氣衣服。可是，現在若回頭看那些衣服，除了回憶，你留下的是更多的感慨和重新省思。

「喔！老天爺啊～我以前怎麼敢穿著露肚臍的、露屁股的？」

「嗯……我為什麼20歲會買這麼老氣的套裝？這根本是40歲在穿的！」

很多人總是覺得，留下衣服等於留下回憶。留下寶寶的嬰兒服懷念當時可愛的樣子；留下所有制服、社團服；留下初戀第一次約會的戰鬥服；留下第一次面試的衣服……但這是為了什麼？是害怕丟了衣服就丟了回憶？

要記得，回憶是回憶，物品勾起的只是一時緬懷，留下其實是本末倒置，它們充其量是囤積的大量垃圾而已。長大的孩子不會因為穿了包屁衣變回寶寶；你穿了制服也回不去求學的年齡；穿回初戀時約會的衣服，分手的情人也不會回來找你。我們每分每秒都在向前，應該重視的是：活在這個當下。

過去已經過去，我們不需要留著舊衣服緬懷過去，也不需要買未來衣服來囤積，我們要的，是重視現在。即便是當時花了不少錢買的，也跟現在的你沒關係了。

看看鏡子裡的自己，你穿的衣服代表某個時期的你，但現在的你是你要的嗎？是你想要過的日子嗎？如果可以藉由不一樣的衣服，改變人生，你想要怎麼穿？快謝謝那些過去的舊衣服造就了現在的你！我相信，現在的你想要嶄新、清爽的人生！

減法生活小學堂1

Q：衣服該什麼時候整理？如何收納？

A：我是「每天」整理，分三個季節收納。

首先，你得把衣櫥裡，以及分散在四處的衣服都找出來，再依照季節分成：春秋、夏季和冬季，共三類。接著，再依照款式分成以下細項：

春秋：代表七分袖、五分袖、薄外套，在微涼時都要派上用場的系列。

夏季：就是夏天的短袖、無袖、洋裝、短褲、襯衫。

冬季：即長袖、毛衣、大衣、長褲、內搭褲、洋裝、高領。

然後，在這些同款類別裡先挑出3至5個你最愛的精英衣物，就是沒有穿它不行，一定要穿的前3名或前5名。剩下沒挑到的衣服，問問自己為什麼只穿一次？它們是哪裡不對勁讓你再也不穿？那個原因，會是你下一次看見它在衣櫥裡，又會跳過它選其他件衣服的原因。

至於幾乎不穿的，就可以跟它說再見了。覺得不適合、不好看的、不對勁的衣服，都放進準備丟掉的籃子吧！可以的話就每天整理，每天出門在鏡子前試穿，或是在摺衣服發現不喜歡了，就可以把不適合的另外放，養成習慣一天一點點。當衣櫥只剩下精英中的精英，你就不需要花額外的時間去整理。

切記！絕對不能用衣服的價值來評定要不要它，例如：「買好貴要2萬元耶！」親愛的，一件2萬元的衣服放著不穿，它連2元的價值都沒有！提升自己的內在，過有質感的生活，比買再多、再貴的衣服包裝自己更值得。

當你的衣服數量少一點，就多出更多時間，也能快速找到適合自己的風格，多一些機會穿上最喜歡的精英衣服，再也不用再為了整理跟收納煩心。

06 留著，要用卻找不到、派不上用場？

去過一個屋主的家，小小的房間裡堆滿大量的3C產品和淘汰的電腦，舉凡螢幕、主機、風扇、耳機等，明明已經不使用的東西，卻不斷累積，整個房間儼然成為3C停屍間，堆放的理由是「怕以後以後用得到」。親愛的！科技日新月異，也許真的可以用，但當你需要用到的時候，它早已跟不上現在的科技，你又何必囤積？

物品不是不能留，是希望你取捨。因為永遠會有東西不停的增加進來，空間有限，以你囤積的速度，再怎麼大的房子都有堆滿的一天。我們應該給留下的物品留一個期限，假設是三年，三年到沒有使用的就可以回收，不要讓它們吞噬你的生活空間。

二〇〇九年訂閱的英語雜誌，整箱連封膜都未拆，你說：「等我有空會看！」

過期的旅遊雜誌塞在書櫃，你說：「等我有空會把它電子化！」

過時的卡帶一包包堆積在櫃子裡，你說：「等我有空會把它們轉成CD檔！」堆在門口壞掉電器擋住了動線，你說：「等我有空會修理看看！」嘿嘿……我確定，你沒有「有空的那一天」，如果你有空，早該處理了，東西不會放到今天。問問自己，真的有這麼想處理這些「等我有空」的東西嗎？還是，這只是捨不得丟的藉口？

勤儉和囤物，是完全不一樣的兩件事

勤儉很好，不亂花錢，擁有的東西好好使用，一直用到不能再使用為止。可是囤物呢？它是每一樣東西都覺得有用、有價值，想留下，但最後家裡的空間慢慢被這些「看似可以用」的東西吞噬。

可以用，放著沒用，就是廢物。或許，你會覺得可以送人，但要送，別人挑三撿四，讓你覺得感覺不舒服。當然轉賣也是，最好你還有時間、精力拍照上架，並和買家一問一答。

空間最貴，堆放著覺得「可能哪天用的到」雜物，然後讓家不像家，讓遊戲間全部都是雜物，還要擔心堆疊的紙箱會不會垮下來，砸到孩子。最後小朋友只能在客廳玩耍，接著換成客廳被玩具淹沒；餐桌無法坐著吃飯，被大量雜物堆積；書櫃不像書櫃堆滿雜物，拿不到書；沙發無法坐下，堆滿衣物。

因為「可惜」，想把雜物留下，然後一家人委曲求全，生活在不像樣的環境裡，完全不像在過生活，而像寄宿在雜物它家，因為雜物已經完全占了上風，主導整個家。我們一定要釐清一件事，你和雜物是主從關係：你是主，雜物是從。你不要，就是不要；管他價錢貴不貴、能不能用、誰買的還是公司送的。總之只要你確定「不需要」，它就沒有存在的必要！

別痛苦的說：「面對雜物讓你覺得很困擾……」親愛的，只要記得一件事，讓你覺得困擾的，都不會是什麼好東西，就丟了吧！沒有它，你也可以過得很好。

留著，換地方放還是囤積

還有很多人捨不得丟東西，以為眼不見為淨、換地方放就等於處理好了。鴕鳥心態的有趣家庭，我就遇過很多。

有個中年貴婦，因為自己長久以來都買夏姿等，動輒上萬的名貴的衣服，還有義大利進口的高級床包，累積了將近27年的量全都沒有清過，也都捨不得丟。因為物品實在太多，只好用黑色垃圾袋一袋袋裝起來，堆在老媽媽房間的床上，想說眼不見為淨就好。可是，高級的衣服再怎麼美好，被隨意打包丟在垃圾袋裡，看起來就是巨大的垃圾。老媽媽的房間被占據後，覺得自己很不受尊重，氣得警告：如果再不清理，就要搬到養老院去住。

直到那一刻中年貴婦才醒，覺得不能再這樣下去了，然後把這27年來買的衣服一件件攤開來看，發現都是過時、根本無法再穿，或是太老派的設計。至於那些義大利床包，即使當初買的時候相當昂貴，現在幾乎都已經發霉、泛黃甚至變硬、變質，留著一點意義也沒有。

「不要被物品的價格綁架，價格不等於價值。過多的雜物讓你的家不能呼吸，和媽媽的關係也變得很緊張，不如就放手吧！」我告訴貴婦。她聽了我話，留下真正需要的衣服、擺整齊，其他的捐贈出去，共清出30袋用黑色垃圾袋裝的衣服。當房間淨空了，老媽媽很開心，再也不想去養老院了。

除了上面的例子，常見的是把物品封箱、收起來，放進倉庫，但這也等於沒有整理。加上要用時得一箱箱搬下來，於是物品就這樣永遠閒置在倉庫，變成更大的囤機。還有一種，就是習慣把老家

當成倉儲，無論是學生時代的課本，讀書時的收藏，大學時買的衣服，出社會後搬家懶得收的東西，全部一窩蜂寄回老家。殊不知這舉動，說穿了就是逃避整理的責任，拖延斷捨離的程序。

每持有一個物品都會耗費你一點時間；你擁有得東西越多，你的時間越少。因為你的人生耗費了太多、太多時間和精力，在這些莫名其妙的東西上面，卻忘了回歸到根本：對家、對空間的初衷。

把時間留給孩子、把空間留給家人。我們的時間有限，空間更有限。空間應該挪出來，發揮在更適合的事物上。就像你希望一回家能直接坐在沙發上；希望有一個能坐著吃飯的餐桌；希望有輕鬆拿衣服的衣櫥；希望能有一個乾淨的廚房能下廚。

當你想要享受環境帶來的美好空間，就要學會精簡再精簡，直到你和空間達到平衡為止。最後你會發現，過多的擁有是一種負擔，減法生活才是最好的。

07 丟書會丟掉知識？丟工具會失去技能？

很多人對於丟書有種莫名的罪惡，好像丟了書就等於丟掉知識一樣。其實，買書也像是買一個夢想，夢想你擁有這些書，就能擁用和作者一樣的智慧。

我也曾經犯過這樣的錯。當時的自己，很希望能夠到達很高的日文程度，於是買了很多一級和二級的書，但說真的，自己的程度根本沒有到那裡，所以這些書一直原封不動的放在書櫃上。每每經過看到，就好像在提醒自己的無能，明明是希望自己更好，才買的書，怎麼一旦和自己實力懸殊太遠，就變成一個壓力和負擔？

直到有一天，我突然徹底覺悟，覺得應該要面對失敗，正視自己真正的實力，做不到沒有關係，知道自己能做到哪裡就好。於是，我把所有太難的一級二級的書籍都捐到圖書館，只保留自己現在有辦法消化的部分。突然之間，我如釋重負。因為那些太難的書籍，就像太高、太遠的期望，我知道自己無法靠這些書一步登天。反而是，把書捐出去之後，好好面對自己，腳踏實地，覺得自在許多。

你不需要的，會是別人的寶貝

三年前，我曾得到一台非常棒的縫紉機，一直夢想著有一天能成為縫紉大師，自己改衣服、自己做窗簾等，但說真的我其實完全沒興趣，所以根本沒有花時間研究，於是縫紉機就這樣一直被晾在房間的角落。每次看到，我總是莫名心虛。有一天突然覺得，它是一台這麼棒的縫紉機，卻放在我家無用武之地，就像美麗的妃子，只是因為皇上私心想占為己有，卻不好好珍惜、疼愛她，讓她在冷宮裡哭泣，我真是對不起這台縫紉機。這時，剛好聽見學姊說她縫紉機壞掉，想要找二手縫紉機，我二話不說，便把那台縫紉機和所有的布都寄給她。

學姊收到後非常感動，還做了一個帽子送給我，那頂帽子超級適合我，是最棒的禮物。

物品不是留著就有用，放在對的人、對的地方，讓知識、技能有效利用了，才能發揮它最大的價值，才更有意義的。我們常常把自己放在時間軸上的未來

或過去，偏離了此刻、現在的自己。現在不等於未來，我們也不等於物品。套一句整理師友人說過的話：過去使人憂鬱，未來使人焦慮；我們應該重視的，是活在當下。

08 囤積不是收藏，遠離不甘心

關於買東西、囤貨，是我幾乎到每一個人的家都有的習慣。無論是女裝童裝、3C產品、文具玩具、鞋子美妝，任何你想到能買、能賣的東西，每個人總是為了它們，留下一個房間的空間，但其實這些舉動都是囤貨。

「把它們處理掉吧！」我說。

「這花很多錢買的耶！」這是標準的錯愕表情和回答。

親愛的，我非常清楚你在想什麼，因為，我也一樣。很久以前網拍盛行的時候，我批了一些女裝，進了大量的衣服，希望能有多一點的收入。所有拍照、修圖、上架全自己來。但最後還是累垮了，不但沒什麼賺還賠錢，也因為不熟悉網拍經營模式，比不過大廠商的低價競爭，沒有能力掌握出貨、進貨的比例，最終：我就是做生意失敗了！

但是我不甘心，甚至還留下那滿滿一手一手用塑膠袋一件件包好，用紅色繩子捆起來一疊疊的衣服。在我心中、在我眼中，那像就是一疊疊捆起來的鈔票，是我用存款換來的！我總覺得這些衣服的價值，等同於我當時進貨的價值，要留著、要留著期待有一天我能再找到時機賣掉它們，換回我的辛苦錢。

但是，就這樣過了一段時間，每每看見那些占據空間的囤貨，漸漸過時的衣服竟然一點也不吸引人了，縱使當初我有多在意它們的進貨價，但那些囤貨卻也回不去當時的價值。

後來我變得焦慮，不開心也不舒服。看著這些囤貨，突然發現，囤在那裡的已經不是錢，而是一堆像垃圾一般的雜物。它像毒瘤一樣，一點一滴侵蝕我的靈魂、我的空間。我花了這麼時間挑選，花了這麼多錢買這些東西，用了這麼多空間囤積它們，最後我到底得到什麼？

沒有，什麼都沒有！所以該是面對自己失敗的時候了，我突然清醒了。然後，我前往夜市用很隨便的最低價錢賣出它們，幾乎是認賠殺出的情況賣出。最後剩下的，有合適的則是送給朋友們，沒人要的就直接丟進資源回收箱。

在我狠狠把最後一包衣服塞進資源回收箱，蓋上沉重鐵蓋的那一刻，我站在綠色的資源回收箱前，看著自己的空出來的那雙手，突然如釋重負。曾經執迷不悟的堅持，最後換來的是更壅塞的人生。然後，將緊抓住的手鬆開後，才知道能擁有的更多。

承認失敗，是處理囤積最核心的心態。當你釋懷了，你會發現，你丟掉的不是那些錢買來的囤貨，是「不甘心」。

09 物盡其用，就是對物品最尊敬的態度

高中的時候住學校宿舍，跟我同寢的一個同學，只有三雙鞋：拖鞋、球鞋和休閒鞋。她最常穿的就是那雙休閒鞋，那是一雙水藍色的皮製休閒鞋，圓頭的設計非常簡單，沒有多餘的設計反而更好搭配。

每一個晚上，我會看見她小心翼翼的拿起那雙鞋，拿起衛生紙仔細擦拭鞋面和鞋底，然後用一種恭敬的態度把它放回鞋櫃。當下我看傻了眼，不就是一雙鞋嗎？為什麼會愛護成這樣？但我還是被這樣珍惜的態度感動得說不出話來。

反觀自己，雖然擁有很多鞋，但每一雙我都用很敷衍的態度對待。當時的我缺乏和她一樣「知足」的態度，即使我擁有很多我還是不滿足，從她的眼裡展露的絕對自信，讓平凡無奇的娃娃鞋，都顯得與眾不同！平凡，因為知足而閃耀，那個當下震懾了我，我才知道「認真使用一個物品，並且好好珍惜它」，那種魅力是非常吸引人。

多年後，我開始教收納，擁有滿滿一整個房間香奈兒和數不清精品的學員，將大多數的包包像供品一樣擺著，束之高閣。她看著我手上提的素面麻布提袋，竟然投以羨慕眼光。

「妳的包包看起來好好用，在哪買的？」她問。

「這是我最常用的，大創買的，39元。」我答。

隨便擁有一個18萬起跳精品包的人，卻羨慕起一個常用、平價的簡單提袋？親愛的，這是缺乏自信造成。精品包撐起的是「名牌的價值」，但即使買了再多、再貴的包包，若內心還是空虛，擁有再多也是沒有價值。

我們應該思考「自己真正想要的是什麼？」並回到物品的本質。擁有滿坑滿谷的精品包，但還是感覺匱乏？那麼精品包等於沒有價值，是吧！反觀平價小提袋，它很好用、我很認真使用它，即使才39元卻超越39元的價值。

面對自己的需要

教收納的時候，我的穿著很素雅，只有簡單的素面黑色上衣和黑色褲子，配戴白色的手錶和很小的項鍊。

「你穿的衣服好有質感，哪裡買的？」

「你的手錶好好看，我也要買！」

其實我的衣服和配件都不貴，說出來可能會讓人跌破眼鏡。但是我很喜歡、很常穿、很珍惜，所以它們讓我看起來與眾不同。

我知道，其實你羨慕的不是我的衣服、手錶，即使我把身上的東西都送你，你也不快樂。因為物品的魅力來自於人的自信，當你很認真使用一件物品，並且好好愛它珍惜它，物品就會注入靈魂回饋你，散發出適合你的獨特魅力。

東西不用多，物盡其用就是對物品最尊敬的態度，那種態度會改變你生活的格調。物品的價值不是來自於商品的價格，而是來自於人的自信。

人的價值決定物品的價值。當你把那些不讓你心動的囤積雜物都清除後，留下真正你喜歡的、需要的，好好愛它們，同時認真使用它們，你得到的心靈富足，遠超過不停購買的囤積，人也會更踏實、更快樂。

離開囤積，物盡其用，你會發現，我們一直追求的，其實是自我肯定的能量。

10 在意的不是物質，是經驗與回憶，是愛和空間

教收納這麼久以來，我到過大大小小的家，遇過各式各樣的人，也看見那些被物質慾望控制的人；每個東西都覺得想要，每個東西都覺得有用，每個東西都想留下。我總是想告訴他們，擁有滿屋子的東西，並不代表擁有豐富的人生。反之，少即是多，擁有越少，生命的靈性更富足。

我最喜歡看荒野求生的節目。當你生活在荒野裡，有萬能的黑卡，卻不及一把萬能的瑞士刀；有滿滿的鈔票，卻不及一堆能生火的乾燥枯葉；有高級名牌衣，卻不及一條溫暖的毛毯。艱困或危急時刻，你會發現到頭來，人類最初的慾望真的只有「活著」而已。

有沒有想過，當災難來臨時，只能在最短時間內帶走最需要的東西，你會帶走什麼？家具沙發桌椅？錢財珠寶收藏品？又或是大量囤積的生活日用品？我什麼都不帶！只想帶走我的家人（包含毛孩子），因為只有「生命」才是最重要的，只要活著，就能重新開始。

曾經經歷九二一大地震，我永遠忘不了當時哀鴻遍野，死傷慘重的畫面，也是在那時候深刻才體會到，人生很短，或許下一秒，我們就走了，我們為何還要拘泥在對物品的執著上？

我總是很豪邁的跟身邊的親友說：「如果我下一秒就死了也沒關係，因為我每天過得很充實，擁有滿滿幸福回憶，死之前完全沒有遺憾，而且我所有東西都有認真使用、不浪費。家裡也很乾淨整齊，家人整理遺物超快，五分鐘內就能搭好靈堂！」（莫名驕傲）。

反而是對物慾和金錢越執著的人，對死亡越恐懼。這些人總覺得：「喔！我還沒享受到我不能死」、「喔！我還有很多新東西還沒用我不能死」、「喔！我錢還沒賺夠我不能死」，最後帶著悔恨離開了，留下滿坑滿谷的東西讓人困擾。

曾經教導過一位生病的媽媽收納，她的雜物填滿了每一個房間，東西滿到天花板，孩子們回家沒有房間睡就不想再回來。

「人的生命到最後，留下這麼多東西卻也帶不走。」她對我苦笑說。

「最希望什麼？」我問她

「最希望有一個能養病的空間，還希望孩子們能回來。」她說。

那個家我們整整清了一個星期，那些媽媽囤積的執著和偏見，隨著雜物一併帶走了。

後來，淤積的空間開始有了生氣，孩子們願意回家了。這事證明，人生走到盡頭，最後我們只需要空間和愛就夠了。

為小事快樂

某天去吃麵的時候，我在湯匙堆裡隨手挑了一支順眼的，卻沒想到這支湯匙的尖端是梅花造型，拿到後讓我開心的大笑。因為我想起讀幼稚園吃午餐的時候，大家都會搶湯匙，因為30支湯匙裡，只有3支的尖端是特別的梅花造型，其餘27支都是普通的圓形，小時候我從來沒搶贏過。唯一拿到的那天，是因為幫了廚工賴奶奶的忙，所以她讓我先拿餐具，所以我才拿到梅花造型的湯匙。

其實我根本不記得那天午餐賴奶奶煮了什麼，只記得自己拿了梅花造型的湯匙，超得意，所以什麼菜吃起來都是人間美味！後來，梅花造型的湯匙在我心中成了最快樂的一件事情，一直開心好久。

反觀現在。我們即使擁有外國頂級餐具、廚具、米其林大廚煮的超級料理，還是覺得不夠好、不滿足。我們擁有太多，忘了最初單純、美好的小快樂；忘了擁有得少才快樂。

請想想過去小時候最開心的人生經驗，那或許是花10元銅板抽到的玩具小手槍或紙娃娃，那個讓你開心好久好久的美好記憶，請試著喚醒它。然後，你會發現每一天都有很多另你開心的小事。

特別是，當你覺得做什麼都不順，被物質綁住、拋不下的時候，想一想你到底想要什麼？人生很短，我們應該要善待自己，想些有愛、快樂的事，再給自己一個舒服的空間，就是人生最大的享受。

Chapter 3

常見錯誤收納與囤積類型

在從事到府收納的這 6 年來，我到過無數的家庭，見過各種樣貌，也遇到了各式各樣的屋主。我發現，除了前面篇章說的「環境反映心靈」之外，雜亂、無法整理的家，其實還有很多原因造成。於是，我集結了上百個案例，分析、歸類出 10 種常見錯誤的收納與囤積類型。或許你可以從中發現「搞錯了什麼」，之後就能快速掌握整理的要訣。

01 陳列錯誤型

有問題？ 東西都分類在正確位置，但看起來不協調。

為什麼？ 因為陳列、擺放上不整齊視線雜亂。

怎麼做？ 需要利用物品大小、形狀、顏色等做收納、調整。

陳列錯誤型其實是以下10大類型裡面，症狀最輕微的類型，也是所有收納案子裡面，最輕鬆的一種。因為它的物品都在正確位置，例如鞋子在鞋櫃，衣服在衣櫃這樣，很清楚明瞭，但只是用錯了方法收。例如不對的擺放方式，導致陳列沒有那麼整齊而已。只需要微調，或是換一個收納方式即可，所以這樣的狀況算是非常好解決。

舉例①

圖片上這個小孩的衣櫥，明明有掛衣桿，但衣服卻是折起來疊在收納籃裡。這樣的擺放方式非常不方便，也因為堆得太高，下方衣物根本無法拿取。拿衣服牽一髮動全身，導致孩子們再怎麼穿都穿最上面那幾件，這就是很典型的弄錯陳列方法！

我建議媽媽買小朋友衣架，把可以掛的衣服掛起來。將洋裝、襯衫、外套等，當這些衣服掛起來之後，棉質的衣服再摺好、直立式放進收納籃，衣櫥的空間能被活用，小朋友找衣服變得輕鬆許多。同樣的狀況也發生在媽媽的衣櫥！媽媽把衣服堆疊在衣櫥下方，衣服就像是掉進黑洞一樣永遠找不到。我建議媽媽把衣服全部掛起來照顏色擺放，只留棉質的，再折疊收進白色籃子就好，衣櫥看起來清爽又整齊。

Before

After

舉例②

這是一位音樂老師的家。她的衣櫥設計很簡單，上排吊掛，下方用抽屜分類，但因為陳列錯誤，吊掛沒秩序，導致衣服常找不到。下方抽屜拉籃內的衣服分類也不明確，常放到忘記裡面有什麼麼物品。加上這裡因為是開放空間，陳列得不整齊就顯得更雜亂。

我教她重新分類衣服，依照季節和屬性分類吊掛。重新陳列之後，衣服的擺設就像百貨公司的陳列一樣，整齊乾淨有質感。下方的抽屜拉籃，也分成包包配件一座、衣服一座，更清楚明確，輕鬆就能找到喜歡的衣服。

Before

After

舉例③

這個媽媽為了孩子規劃小孩房時，訂製了很多收納櫃，希望把東西擺的整整齊齊的。但是，因為一開始不知道怎麼安排物品擺放的位置，久而久之，收納櫃裡塞滿了各種雜物，小孩的書籍、繪本無處去，就直接散亂在地面上；玩具和各種雜物甚至蔓延到整個床鋪，小孩房完全無用武之地，最後小孩一樣沒地方能玩。日子久了也就算了，直到有一天，婆婆突然打電話來說要住個幾天，要求睡在小孩房那間就好。媽媽傻眼了，覺得事態嚴重，立刻呼叫我來幫忙解救他。

我發現這是很典型的陳列錯誤型，小孩的物品都在小孩房沒錯，只是沒有依照屬性擺好而已。我教媽媽和孩子一起收納，設定櫃子裡擺書籍，也教孩子們我的「聯想性收納法」；孩子的聯想法和大人不同，對孩子來說，他們的分類法並不是大人想的英文類、繪本類等等，而是依照高低、大小、厚薄等外觀方式分類。小朋友學會聯想性收納法，在書櫃門片關起來的情況下，也能很清楚的告訴我書本的相對位置，像是上面是很難的書，下面是長長的書等，媽媽看了非常驚訝。也就是，當物品放在對的位置，有對正確的陳列，聯想起來就很快，無論是拿取或放回都非常輕鬆。最後小孩房當然成功搶救，婆婆來了也很開心。

也就是說「陳列錯誤型」，大部分的問題是陳列方法錯誤，該摺沒摺、該掛沒掛，或是分類擺放得不明確，導致物品收了也找不到；也可能是收納方式不適合，導致找不到也放不回去。你家若也是陳列錯誤型，其實可以思考一下「為什麼不好拿？為什麼會不整齊？」列出這些焦慮點逐一解決，或許你只要改變一下陳列或是擺放方式，就能精準完成收納。

Before

After

Before

After

02 動線有誤型

有問題？ 明明很多收納櫃和家具，為什麼還是放不下？

為什麼？ 櫃子和家具擺放不順，導致不好拿取和收納，物品向外蔓延。

怎麼做？ 調整家具和櫃子動線，改成順手、好拿的方向就能解決。

動線有誤通常是因為櫃子或是家具的位置擺放不對，導致櫃子打不開，或是物品不好放進櫃子收納。人們在家裡住久了都會有盲點，感覺不順卻又不知道是哪裡不順？或是看不出來動線到底哪裡有問題？其實方法有以下三個。

1. 測試家裡的每個櫃子的門片，是否能輕鬆開啟？或是抽屜能否順利拉出來？

2. 將家裡每個角落都拍照，也許你看習慣了，不覺得哪裡奇怪，但讓第三者來觀看照片，可能會有不一樣的視角和思考。也可能是你看了照片才發現，「奇怪！那個位置竟然這麼擁擠？」

3. 我們在家裡住習慣之後，當然不會覺得哪裡奇怪。最好的方法是，請有一點空間感的朋友或親戚到家裡走走、看看，請他們說說看，看覺得哪裡不順？透過他們，或許就能找出動線有誤的地方。

舉例①

這個家主臥室本來只有爸爸媽媽，木頭的斗櫃和化妝台配合得很好，但後來又多了兩個孩子，陸續增加了嬰兒床和抽屜櫃等。加上沒有空間概念，媽媽索性把多買的塑膠收納櫃放在路中央，結果擋住了化妝台的動線，導致再也無法使用化妝台，而且整個房間變得很擁擠、很狹小。

Before

After

我教媽媽重新調整動線，把塑膠抽屜櫃全部集中放在一起，並放在嬰兒床的後方，這樣除了可以分出孩子區，方便媽媽拿取衣服以外，這樣剛剛好也可以固定嬰兒床，不讓嬰

兒床動來動去。至於木製的化妝台，桌子和斗櫃全部整齊劃一放在一起，調整成大人區，看起來舒服又整齊。

其實擺放家具有一個很重要的關鍵，就是「屬性」。把材質和屬性相同物件放在一起，自然就會散發一種協調的秩序美感。而且，當環境的動線對了，所有的動作就會變得順暢，空間自然而然的就能呈現出開闊感，整齊的家具和乾淨的地面就是最棒的畫面。

舉例②

這對小夫妻住在樓中樓的小房子裡，樓下房間只有160公分左右，樓上的部分更小，只有120公分。因為搬進去的時候沒有特別規劃，就直接把樓下的空間設定成書房，樓上的空間設定為放衣服的地方。但是樓上實在太窄了，加上用大整理箱收納，每次要拿衣服都得爬進去撈，很難找。因為住在裡面久了，有盲點，也想不出來還能怎麼變化，就一直屈就過生活。

我發現動線的原始設定實在太浪費空間了，建議他們做對調，把書房移到樓上120公分的小空間去。因為無論是打電腦或看書，都是坐著的，坐著的話，120公分的距離就不會顯得壓迫。而且三層櫃移到樓上，剛剛好卡進樑下方的柱子，一切非常完美！

樓下的空間，我重新規劃成更衣間，買了150公分的鐵架，把外套和洋裝、襯衫等怕皺的衣物吊掛起來。至於樑下的空間，因為有些深度，所以把換季的衣服放入大整理箱後，往內推；前排則利用四座抽屜櫃收納，這樣放在樑下剛剛好。還有，原本放在玄關的櫃子總是閒置，還放了一堆雜物，我將它們改變動線，移到樓上擺放CD，讓環境變得更整齊、更有質感。將樓上樓下對調，把空間發揮到極致，拿東西再也不怕撞到上方的樑柱了。而且，小夫妻第一次有了自己的更衣間，開心得不得了。

Before / After

Before / After

有時候並不是空間太小的關係，也許最初的動線沒有安排好，導致空間變得狹隘擁擠。試著退一步，以第三者的角度看，或許就能發現改善方法，將環境更妥善安排，發揮並利用出空間的最大值。

舉例③

很多人以為，小套房收納比整個家的收納容易許多，其實不然！並不是空間小就好收納，反而是因為空間小，就無法像整個家一樣，正確分出空間類別，導致空間全部混在一起。所以一搬進新的環境時，空間規劃和物品定位非常非常重要！

簡單來說，一個20多坪的居家空間，要濃縮在一個7坪的房間裡完成，其實是非常不容易的事。這個案例是個女上班族，搬進大套房後，始終無法規劃出理想環境，也不知道怎麼收東西，擺設怎麼弄也弄不好，所有物品都一直放在垃圾袋裡。

多數人總是在一開始設定的擺設裡屈就過生活，即使不習慣、不方便、不合常理，還是勉為其難的住著。相對的，生活的不便就會延續到環境的收納，進而影響整個空間的整潔。

她希望她的大套房裡面，能具備各種功能；希望能有更衣間、烹煮區、書房和倉庫，這聽起來根本不可能。但是只要調整動線，所有的功能重新畫分區域，就能創造出新的區域。

我利用床的左右兩側來劃分區域。面對床的左側放衣櫥抽屜櫃，規劃成更衣空間；面對床的右側則利用三層櫃的背面，打造出一條小走道，櫃子裡是書房空間，櫃子對面則是利用小櫥櫃，打造成迷你的烹煮空間。至於角落放置的鐵架則變成倉儲空間，用來擺放生活用品。動線明確後，即便是套房，也能一次滿足所有空間需求。

Before

After

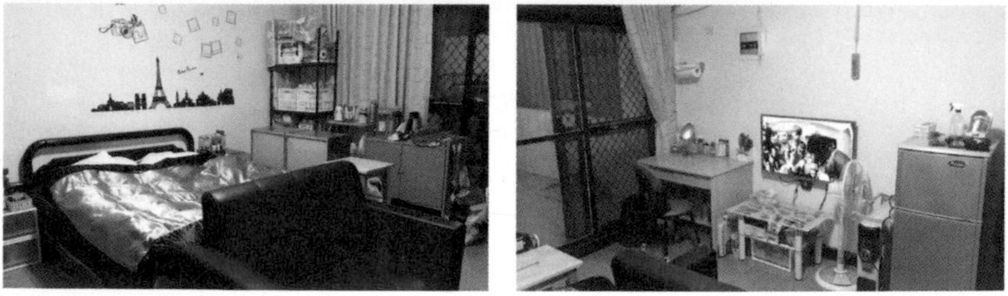

03 收納品錯誤型

有問題？ 明明買了超多收納品，為什麼怎麼收都收不好？

為什麼？ 為了收而收買的收納品，只是換地方囤積，沒有正確法收納物品。

怎麼做？ 思考自己收拾拿取的習慣和方式，了解收納品的特性再添購使用。

很多人以為買了收納品，以為就能解決收納的問題，但是，如果在還沒有想清楚要放什麼的情況下，隨意買了不適合的收納品，或是沒有量尺寸就買了收納品，又或是沒有了解收納品的特性就買了收納品，就很容易造成收納品錯誤的狀況。很多時候，家裡的混亂並不一定是東西雜亂，而是因為使用了錯誤的收納品，不好用不好放，導致無法收拾，甚至讓收納品本身變成更大的雜物。

舉例①

這對小夫妻因為客廳沒有鞋櫃，買了IKEA的收納抽屜「橫放」，想拿來收納雜物和鞋子。但是，鞋子放進去之後根本擠成一團，鞋子都壓壞了，雜物放進去更像無底洞一樣消失，找不到又重複買，這讓她非常困擾。

我們把 IKEA 收納抽屜裡的東西全部清出來，把工具和清潔用品等，利用籃子分類後，收納到電視下方的櫃子裡。鞋子的問題，就放進在特力屋新買的鞋櫃裡，於是客廳就變得乾淨又整齊。

Before

After

環顧這個家，IKEA 的櫃子不適合在客廳使用，但它的特性其實很適合收納小東西。所以將它清潔後，把兩座搬到廚房上下堆疊在一起，扁型和深型的抽屜拉籃剛好可以收納食物，利用扁型抽屜收納茶包、小零食，深型收納大包餅乾剛剛好。下方另一座則可以收納罐裝飲料和咖啡機，讓零食變得精緻美味，再也不怕又深藏在櫥櫃裡放到過期。

明明是同樣的櫃子，在客廳收納錯誤的物品時，難用又雜亂。了解收納特性移動到廚房收納零食，卻變得很便利、很整齊。所以，若家裡若有讓你困擾的收納品，想一想自己是不是放錯了位置？或是收錯了東西？

舉例②

這個媽媽有個大家夢寐以求的更衣間，但設計卻很妙。它有一座很淺的櫃子，深度大約只有20公分，因為太淺不好放，就買了咖啡色的不織布箱子來收納，但不織布是不透明材質，東西放進去很快就忘記了，導致收了也跟沒收一樣，常找不到，讓她非常困擾。

我其實不太推薦不織布的收納產品。原因是，不織布久了容易脆化，通常一年之後外表的布面開始崩解，碎屑會很難清理。另外不織布的底板通常是紙板，承重力很差，容易變形，還有不透明布面導致

Before

After

的「忘記」困擾。

我們到特力屋挑選了兩種收納產品，一個是分隔收納盒，另一個是透明的收納抽屜。分隔收納盒通常是直向擺放的，但我利用它寬度較淺的的特性，橫向放入20公分的淺櫃剛剛好。不同的分隔收納盒直立後，收納媽媽的牛仔褲、內搭褲就更清楚、輕鬆了。

至於衣櫥部分，媽媽因為很喜歡鐵人三項的運動，有很多運動類的衣服無處可放。增加了四層透明的抽屜櫃以後，收納她的運動內衣、上衣、褲子和毛巾等東西剛剛好，拿取便利以外，衣櫥也變得更整齊。

舉例③

這位女孩對於房間的收納、擺放一直很困擾。明明有三層櫃、收納品、抽屜櫃這些全都買了，但為什麼整個房間看起來還是很亂?很不對勁?原因是她的收納方法錯誤，分類不明確，導致物品用收納籃裝起來了，還是很快忘記放哪裡，無法正確歸位。

我教她把所有物品集中，一類一類區分之後，找適合的收納品再放入。這點非常重要，卻很常被忽略!大家最常犯的錯就是看到什麼籃子就隨便裝入，久了就忘記內容物。其實，收納品需要依照邏輯和使用習慣去挑選，例如她有書報籃、不織布收納盒、透明收納

Before

After

盒，過去她總是隨便裝，最後卻找不到。正確的方式是依照屬性收納，像是襪子手套，用不織布的箱子裝；當你看到外盒馬上就能聯想是織品。容易過期忘記吃的食物，用有洞洞的書報籃來收納，一目了然再也不怕忘記。至於常常找不到又容易散亂的小物品，例如指甲油、藥品、3C類小東西，則是利用透明的盒子收納最明顯，好拿好分類。

使用了正確的收納品，可以解決很多不便。但是要如何買對收納品，其實訣竅非常簡單，以下三點供大家參考。

1. 一定要量好尺寸，確認大小、深度、高度都是可以的再買，以免多跑一趟。

2. 思考自己拿取物品的動作和習慣，若習慣放在抽屜拉開再拿取，適合抽屜型；若喜歡直接拿出，適合收納籃。

3. 盡量挑選透明或半透明的收納品，看得到不怕忘記以外，還可以提醒自己要收納整齊。

04 垃圾混合型

有問題？ 看起來超級亂簡直像囤積症！

為什麼？ 因為物品和垃圾混在一起。

怎麼做？ 徹底把垃圾和物品分開，清除垃圾後，其他東西就顯得容易收納。

很多看起來像（之後會介紹的）囤積症的案例，其實是「垃圾混合型」，其特點就是：空間裡充滿大量垃圾和物品，兩者混合在一起。其實這樣的案例在處理上，比起囤積症容易很多，只要把雜物和垃圾分開，清除垃圾之後，再把剩下的物品重新分類、擺好即可。

案例①

這個女屋主非常特別，她從結婚後十年來從來沒有打掃過家裡，也沒有真正丟過東西。加上老公對環境品質的要求很低，能吃、能睡，撥開雜物能走得過去，都還好！最不可思議的事情是「因為台北市倒垃圾很麻煩！」加上「不知道怎麼做垃圾分類？」最後乾脆跟垃圾住在一起。

十年來沒有清掃你能想像嗎？家裡到處是灰塵、垃圾、頭髮等髒汙。詢問屋主「為什麼不清潔？」得到的答案讓我大為震驚！「因為沒有學過！」

原來，從小爸爸、媽媽照顧得非常好，所有事情都攔下來做。久了她根本不知道，打掃等家事其實都是父母幫她做好的！直到她嫁出去了才發現，買了再多抹布、拖把、清潔用品（抹布20～30條，拖把5～6種，掃把4支），自己還是不會用，加上雜物多到根本沒有地面能掃，就直接放棄。

我們花了很多很多時間和精力，去面對大量雜物、垃圾和過度的消費。最後，她不再為了物品的去留掙扎了。因為學會了我教的：「不要去管物品的新舊，價錢和感情」、「把焦點集中在你想要的生活上」。

那些因為父母幫她，導致錯過的每個生活常識，我一步步教她怎麼做。她很努力學習，也很努力不停不停的丟棄，只留下真正需要的物品。最後，家裡終於出現從來沒有出現過的桌面、沙發和地面，全都乾淨得閃著光芒。放不進去的衣櫥，就像是展示櫃一般整齊。至於老公的電腦桌，也變成乾淨的網咖包廂。

回家，不再是每日無力感的堆疊，而是一種幸福的享受。

案例②

這個家因為坪數非常非常大，有著整層樓都是主臥的概念。加上有大量堆積的垃圾、雜物，同時與生活物品混在一起，完全沒辦法豪邁的丟，或是像一般家庭直接篩選、直接收，必須一樣樣分類之後，再集中處理、再分類、再收納。

這個家的坪數一層至少有60坪以上，分別有客廳、主臥房和小孩房。但是小孩房的冷

Before

After

Before

After

氣壞了一直沒修理，所以3個孩子全擠到客廳睡覺，於是客廳就被孩子的書籍、玩具、雜物和垃圾徹底淹沒。也因為家裡實在太大，大家懶得走到1樓廚房，所有食物和冰箱還有鍋碗瓢盆，就都放在主臥房，讓主臥房儼然變成一個大套房。最後，它就成了一個四不像的房間。

更可惜的是，衣服順手丟在地上，衣櫥前堆積了大量的衣服，門打不開了，於是屈就穿洗衣籃裡的衣服。不停屈就雜物的下場，就是讓雜物占據整個家，久而久之無力還原，整個家就像是廢墟一樣，雜物如雜草般蔓延叢生。

家，應該是最美好的歸宿，怎麼一回到家盡是無力感，累、煩？原來是爸爸的惜物個性所至，收納的方法就是不停裝箱、堆疊，但這樣其實沒有解決問題。至於媽媽則是工作累了，回到家常常整理到發火，吼小孩。

要切記！吼小孩沒有用，只有自己改變，整個家才會跟著動起來。於是我們一步步來改變這個家。

我發現，家裡堆積大量垃圾的原因，竟然是「不會垃圾分類！」意思是，垃圾有分可回收、不可回收，但媽媽搞不清楚哪些可以回收，只好擱著，結果整個家就成了大雜燴。「清出來的垃圾，要用最快的速度拿出家裡！」我一樣樣教她，並且告訴他這件很重要的事。因為有太多人，即使清出了衣服，就放著。清了垃圾，一樣放著。這等於沒清一樣！時間久了，它甚至會變成更大的垃圾占據在家裡。

接著，我們只要整理、清除好垃圾，就不停的拿到樓下門口，等到垃圾車來一起丟。果然，整個家有了戲劇性的變化，所有的東西都收好了、有了家。髒亂的地板甚至閃著光，房間還有回音。

一定要記住，我們跟物品的關係是「主從關係」；你是主，可以任意決定物品的去留，物品是從，它任你擺佈。但若你看不清，主從關係顛倒，屈就雜物，就會演變成混亂的家庭狀態。

Before

After

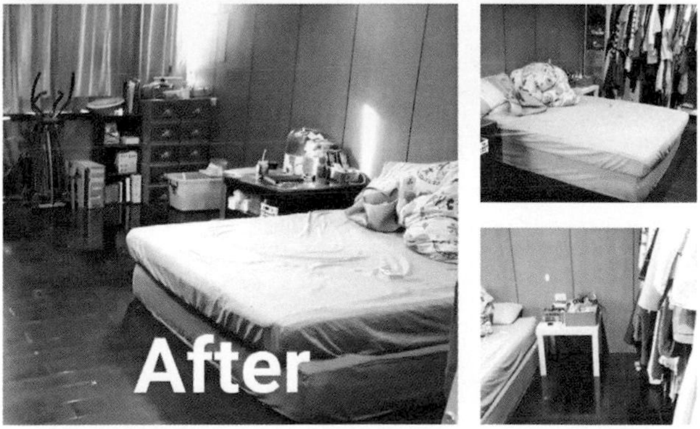

案例③

這個家住在台北很棒的地段，但家裡卻囤積了大量的雜物和垃圾。因為媽媽生了小孩之後，每天忙著照顧大的、安撫小的，加上習慣買各種書籍、玩具彌補孩子，久而久之，美好的家被雜物吞沒。孩子有再多的玩具，卻沒有空間可以玩；買了再多書籍，囤積堆在一起也很難拿出來閱讀。

媽媽不是不想整理，而是面對已經失控的家，即便她多想改變，一個人帶著兩個孩子，連倒垃圾都是問題，更別說整理了。

我們花了很多時間，清除房子內大量的垃圾和回收物。當中還有非常多的物品，那是從搬到這裡之後，沒時間整理又懶得拆，就一直放著，放了N年都沒有拆箱的東西。然後當我們逐一拆箱、重新檢視後發現，有一半以上的東西早已不適用或過期。原來這些年，堆積的根本是無用的雜物。

Before

After

清除了大量垃圾之後，請爸爸、媽媽到特力屋買書櫃和木櫃，我重新規劃了孩子的遊戲天地。玩具擺上木櫃後整齊一目了然，垂直的收納省下更多空間，孩子終於可以在榻榻米的小天地裡玩耍了。

還有，媽媽買給孩子所有的童書和繪本還有教具，擺上鐵灰色的書櫃裡，家裡儼然成為圖書館，充滿一般書香氣息。乾淨的客廳、終於淨空的餐桌，讓家裡的每一角落，都成了最美的風景。

切記！物品不會殺你、不會威脅你，你不要就是不要！你真正要的，是乾淨空間帶來的新生活。

Before

After

05 物品四散型

有問題？ 什麼都有，卻什麼都找不到，一再重覆購買。

為什麼？ 隨手亂放，有位子就放，導致每個地方都有重覆或類似的東西。

怎麼做？ 必須要全部破壞再重建，把所有物品都集中，斷捨離之後再重新規劃位置。

物品四散型是我工作這麼久以來，最害怕遇到的類型，也是十大類型裡面，最困難最棘手的一種。原因有很多，物品四散型的特色就是看起來不亂，但其實不是不亂，而是全部都藏起來了。也就是說，看不到的物品（比看得到的）「多出非常非常多」，我們總是稱這樣的案例是四度空間。

這樣的家有一個很明顯的特色，就是「小東西非常多」，但因為物品四散，每個地方、每個房間都有重複的，而且物品的放置沒有邏輯、無法推想，所以光是要全部找出來集中，就會花上非常非常多時間。這樣的家，通常要花上比別人多一倍的時間才有可能整理完成。

其實台灣有很多家庭屬於這種物品四散型，尤其是我們的長輩或媽媽，他們都是典型的右腦思考，「有洞就塞，有位置就放，覺得亂就裝箱收起來」。但因為根本是隨意藏，又沒邏輯，想要的時候根本想不起來放在哪裡！導致每個地方都有重複的東西。

案例①

這個媽媽的客廳看起來並不亂，但是小東西非常多，而且看不到的櫃子內藏了很多雜物。這些雜物沒有分類，東一個西一個，同樣的東西出現在很多不同的地方，必須更多時間集中。

處理這樣的家沒有別的方法，就是要花更多前置作業，把東西淨空下架，下架後集中，再斷捨離，再重新分類，再上架。因為物品四散在各處，屋主其實

Before

After

也不太確定眼前的東西種類「是不是已經是全部了？」所以光集中的時間，大約就會占據整個工作時間百分之80，非常可怕！

這樣的案例，明明耗費比一般多更多時間在整理。但是照片的前後差異卻不大，原因是整理前屋主太會藏啦！若你的家也是物品四散型，是所有收納裡面的大魔王！不要氣餒，最容易的方法，就是每天集中一類，把散亂在整個家每個不同角落的東西，慢慢集合、全部集中在一起，一天一類，還是能完成的！

案例②

這個媽媽是學校老師，因為工作繁忙、壓力大，紓壓的方法就是買保養品、買衣服，還有出國時買一堆紀念品。在她家的每個不同角落，都可以翻出用紙袋裝著的保養品；就是從提出百貨公司的那一刻到家裡，始終原封不動的樣子。這樣的物品數量多達4個大黑色垃圾袋，但有一半以上竟然都是全新放到過期！因為在沒有集中之前，媽媽不知道，四散的保養品、美妝品竟然有這麼多，還是不斷的購買。

衣服也一樣。因為希望自己能有一個簡約的更衣間，所以房子在設計的時候沒有做太多的收納，結果根本低估了自己的購買力！小小的更衣間完全爆炸，放不下的衣服向外蔓延至房間的每一個角落，裡頭甚至混合了以前買給孩子的新衣服、新襪子、新內褲。全新物品散亂在某處忘了打開，發現時孩子早已穿不下了。我們還在房間裡找出每次出國都會買的紀念品和伴手禮，因為每次回來就累癱，紀念品就隨意擺放。整個家到處都有迪士尼的袋子，裡面的內容物卻忘得一乾二淨！

只是一間主臥室和更衣間，照理來說應該很快能完成，卻整整花了3天！就因為這是物品四散型，藏起來、忘記的比現場看到的多出很多倍，集中上要花更多的心思。而且，屋主同樣要花更多時間，抉擇這些遺忘物品的去留。

滿滿滿的衣服全部從更衣間、從房間、從孩子房間，從其他遺漏的地方集合之後，她才發現自己不知不覺買了超多衣服，於是卯起來斷捨離，清出很多很多包不適合的捐出

Before

After

去。真正留下有在穿的，讓更衣間恢復成她喜歡的簡約樣貌。

到處散落的美妝品，集合起來簡直可以開一間小型的美妝店，光是過期的加一加就浪費掉了好幾萬元。把剩下的美妝品全部集合重新整理，用大創透明盒分類，再統一集中到櫃子裡，這些足夠用到天荒地老了。

物品四散讓老師媽媽明白一件事，東西從一開始帶回家就要拆開、分類，再放進去固定的位子。這樣除了可以有效控管數量，提醒自己到底買了什麼、有多少物品，也不用擔心需要時找不到，輕鬆就能拿取。而且物品統一集中，要整理、要斷捨離，甚至要清潔，都會變得輕鬆容易，一舉數得！

Before

After

06 囤積症

有問題？ 整個空間塞滿各種東西，囤積到空間已經失去功能。

為什麼？ 有囤積症的屋主對物品有強烈的心理依附，進而無法丟棄。

怎麼做？ 要有改變的契機，突破心房才有辦法執行，以清除雜物占大宗。

囤積症的人對物品有強烈的執念，習慣對物品加諸情感或賦予意義。因為無法丟東西，所以必須走心理攻略，回推屋主內心，了解「他為何變成這樣？從何時開始的？」透過同理心找回他對生活的渴望，就能讓他主動開始整理起自己的環境。

案例①

這是一個年輕媽媽，因為和婆婆的關係很差，最後和老公分居，還被迫搬出來，自己租大套房住，於是她開始過著渾渾噩噩的生活。像是穿過和沒穿過的衣服全部丟在地上，分不清哪一件是乾淨的。吃過泡麵的碗公和過期的牛奶，還有深埋在地墊底下放了兩個月流湯、發臭的鳳梨等。

面對滿滿的雜物，她的感覺卻是：所有的人都會離開，只有物品不會背叛我。所以，被雜物包圍她反而有種安心感！

家裡囤積的各種東西，即便是一個鐵盒，她都覺得重要。這是我好朋友結婚的喜餅；這是我高中畫圖的美術用品；這是我縫紉要用的東西，每一個放了N年的物品，即便看得出來都沒有再使用，她都捨不得，都覺得堪用，找各種理由想留下來。對於清理物品，她莫名抗拒，卻又希望能有一個乾淨的環境，所以請我來，好矛盾。

Before

After

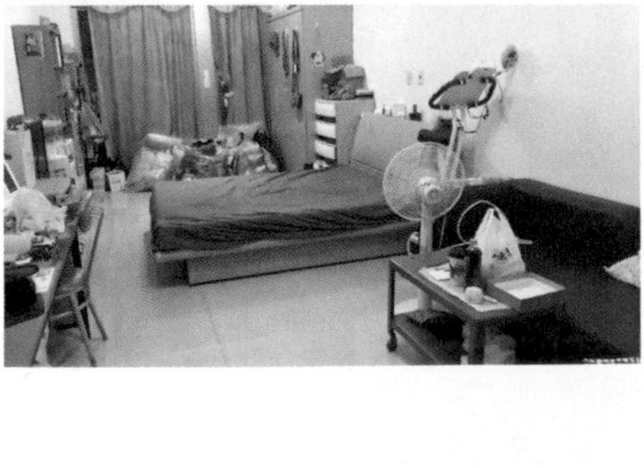

直到我說出「你希望你一歲多的兒子可以來你家嗎？」本來拿著雜物不肯放的她突然軟了下來，她想念她的孩子，也希望婆婆能讓孩子到她這裡玩，但是這樣的環境，根本

不可能！於是她像是突然覺醒了一樣，為了想要孩子能來她的住處，為了給孩子乾淨的環境，她跟著我開始清理、抉擇、丟棄。最後房間恢復前所未有的整齊。孩子就是她最大的動力！

案例②

這是一家四口的小公寓，委託者是這個家的小女兒。她和媽媽、哥哥、姊姊住在一起，他們家以前是透天厝的藥局，後來某些原因收掉了，從三層樓透天厝搬到20坪左右的小公寓裡。囤積的物品沒有因為搬家而減少，反而是硬生生塞進窄小的公寓裡。

也許是藥局收掉的打擊太大，媽媽開始灌輸給孩子們說「我們家很窮！這些東西都是錢買的，不能丟。」久而久之，每一個孩子都跟媽媽一樣，開始囤積各種東西，讓本來已經很狹小的空間，更是擠得水洩不通。像是櫃子前面堆滿成堆報紙，媽媽總覺得裡面有很重要的訊息，不能錯過。也覺得她自己會看，但已經這樣堆了不知過了多久，報紙只是越堆越高。

直到某天小女兒告訴家人，她即將要和男友訂婚的消息，本來對家裡囤積無感的大家，突然意識到，「這樣雜亂的家，根本無法讓對方家人前來提親！」所以開始覺悟，想

要好好把家收拾乾淨。

捨不得丟的物品，只要堪用的，我都請他們分類出來，再去二手店變賣，即使換不了什麼錢。反正不是直接丟棄，他們都能舒坦一點。就這樣，每個打開不了的櫃子終於都能順利開啟，被雜物囤積的客廳和沙發，終於能走過去，順利坐下。他們對這個家終於有了共識，能一起面對，一起把這些困擾已久的雜物好好清除。

07 購物狂型

有問題？ 東西買太多，全新未開、吊牌未拆，但已經蔓延到放不下的地步。

為什麼？ 透過買東西宣洩情緒，東西或是找不到再次購入等過度消費。

怎麼做？ 重新思考消費行為，把所有同類物品集中篩選，不需要的轉賣、捐贈等，有效控制數量。

購物狂的特性很鮮明，買東西對物品的數量都是「超量購入」。明知道不需要這麼多，卻覺得每種顏色、每種款式都想要擁有，所以包色、全買等瘋狂不理智的購物行為就會湧現。其實購物狂的類型，多為家裡不是亂，只是東西買太多。只要把物品集中、篩選，再轉送或轉賣、捐贈即可。

案例①

遇過多位因為生活壓力很大，藉由不停、不停的買東西來填補空虛，什麼物品都會「買過量」的屋主。

在書局、網路書店買了非常非常多的語言書，但箱子根本沒拆開，所以書本當然也沒閱讀過，甚至還花錢補習，補很多類別，最後全部都還給補習班老師。買了一堆減肥書和健身器，那些書的封膜根本都沒拆，健身器也拿來掛東西，最後當然瘦不下來。買了很多帽子、圍巾等配件，甚至用批發袋裝回家，卻一個也沒打開來用過。還有很多網拍的衣服、褲子，這些連包裝袋都沒打開，因為根本就穿不下或是不適合。

還有的人買了各式各樣鍋子、食譜，希望自己廚藝能變好。殊不知囤積的廚房根本無法下廚，鍋子永遠無法開箱。也有買了上百個包包的人，希望自己能成為幹練的專業人士，結果每個包包都被遺忘。

也有買了一堆精油、化妝品希望自己能變美的人，最後根本連包裝都沒拆，放到過期。當然，也有買了大量寶石、水晶，希望能改變空間磁場的人，卻沒想到「乾淨，才是改變環境最大的能量」。

案例②

有位媽媽明明只有生一個女兒，卻買了要用L號整理箱才裝得下的髮飾量。她說，同款不同顏色都要購入，就像批貨一樣，每種都要帶。「你的髮飾、髮圈、髮夾超量，所以你女兒到底喜歡用哪種來綁頭髮？」過量到我忍不住問媽媽。「她只喜歡黑色橡皮圈。」

這回答真讓我傻眼，因為都不是這裡的啊！

還有另一個媽媽非常喜歡1/2品牌的童裝和配件，每次去都是花4到5萬元採購，有的甚至同款不同色個買2件。明明只有2個女兒，1/2的襪子多到需要用四層抽屜斗櫃才夠裝。而且很多都已經穿不下了，非常可惜。適時的購物讓人愉悅，但量過多，就需要花費更多時間、空間金錢來處理這些戰利品了。

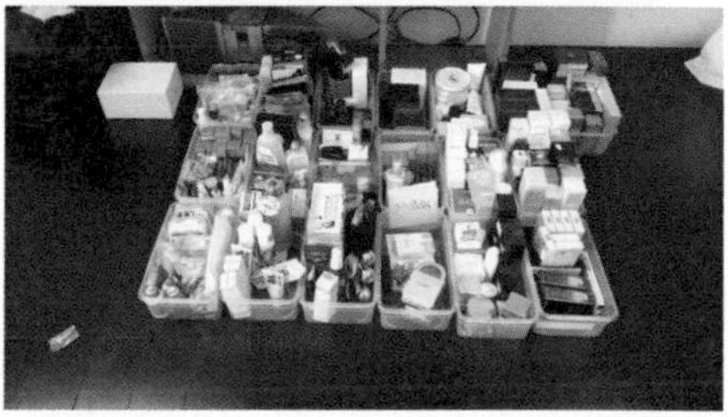

購物狂靠購買來發洩自己的情緒，卻花了過多冤枉錢，填補無法滿足，無底洞般的心靈空虛。或許他們的確買到夢想和願望，但回過頭仔細看看這些東西，充其量只是大量、全新的囤積，後續其實得花更多心思處理。

08 活在過去型

有問題？ 家裡滿滿放不下了，但櫃子裡都是陳年物品，像是年輕時的衣服、讀書時期的課本等。

為什麼？ 每一個東西都是自己過去的輝煌證明，無法割捨。

怎麼做？ 喚醒自己現在對空間的渴望，就能跟過去說再見。

活在過去型的人很容易陷入過去的輝煌和回憶中，然後囤積，為其留下證明。例如覺得留著歷年來的課本，就象徵自己過去很會念書；留著公司所有薪資單，好像能證明自己在公司有多努力；留著一堆車票、電影票，就能證明自己是一個生活精彩的人。留了這麼多耀眼的過去，其實無形中也是在向自己證明：你無法正視現在的無能為力，甚至直接證明自己目前的失敗。

案例①

這個家，留了大量當時爸爸開手機行的物品，無論是櫃台、吧檯椅，或是手機配件和貨品。過去開店時的所有物品，原封不動的塞回自己家裡，就這樣占據了兩個房間。即便知道自己把這些留著也沒有什麼意義，但就是放不下過去當老闆的風光。媽媽也一樣，曾經是展場模特兒，生了孩子後身材走樣，那些秀服、禮服沒有一件穿得下了，卻還是全部掛在衣架上，懷念自己過去很辣的身材和當模特兒時的風光。

甚至在另一個房間裡，我看見一個營業用的超大電鍋和瓦斯爐，問他們為什麼有這個？夫妻倆說，以前曾經很辛苦時，做過賣魯肉飯的生意，所以還留著這些生財工具和擺攤工具。

很顯然的，夫妻倆對過去的一切還念舊、放不下！但是說真的，留著這些不但對未來沒有幫助，反而一直暗示著失敗。反觀現在，他們有一個一歲多的兒子，這正是需要空間

時候，與其囤積、留著過去的物品（暗示自己的失敗），不如清掉它們，給兒子一個清爽的玩樂空間，也為這個家的未來創造更多的可能和機會。

案例②

有一個70歲的阿嬤，她的房間被數十個整理箱填滿，裡面滿滿的衣服，放不下的還用垃圾袋一袋一袋包起來，繼續往上堆。這些都是阿嬤從年輕到老，所有的衣服，她覺得年輕時穿起來很好看，覺得以前的質料很好，覺得當時量身訂製很貴，所以一件也不能丟。

可是阿嬤忘了，現在的身材已經走樣，再也穿不下了。她怎麼樣也割捨不下過去的美好，總覺得這些也許還能留給誰；也許留著哪天還能怎樣。最後，只能生活在「再也不穿的衣服」的房間裡，任由過往回憶吞沒自己，得不償失。

09 杞人憂天型

有問題？ 家裡囤積了過量的生活用品和過多重複物品

為什麼？ 趁特價想一次購入較便宜，很愛囤貨怕買不到。

怎麼做？ 把所有囤積物集中擺出來拍照，過期品拍照換算成金額就能覺醒。

和活在過去的人不同，杞人憂天型（也稱活在未來型）的台詞是：「可是我怕以後……」這是他們最常說出口的一句話。「可是我怕以後用得到、可是我怕以後沒有、可是我怕以後買不到……」他們一直在為未來擔心，所以常常囤積各式日用和生活用品，甚至是文具、藥品或食物等都有。

案例①

遇過一個家庭主婦，他總是擔心自己沒有保鮮盒可用，擔心自己買不到好用的保鮮盒，所以一買再買。當我們把所有保鮮盒全部擺出來，一字排開，她才發現自己無形之中已經替未來做太多擔心，準備了80多個保鮮盒！還有另一個媽媽，可能曾經發生過需要浴巾卻沒得使用，就開始大量採買非常非常多的浴巾，整個櫃子都是浴巾，只因為怕要用的時候沒有。

案例②

我在一個家裡看到20～30盒彩色筆，以及十幾個量角器，覺得非常納悶，問屋主媽媽為什麼會買這麼多？她說，有一次女兒在睡前才突然想起「老師說明天要帶……」彩色筆或量角器之類的，但都這麼晚了，書局也關了，到底要去哪買？從那一刻起，媽媽就被嚇壞了，寧可準備超多文具來已備不時之需。

「替不確定的未來，準備過多，但不見得用的上的東西」就是杞人憂天型的特色。也許一次買了一整箱洗髮精，也許囤積了一年份的衛生棉，又或是十幾箱的濕紙巾，這些都是過量的囤積，因為根本沒有用到完的一天。

面對這樣類型的人或家人，最好的方法就是集中處理，把所有為未來囤積、相同的物品，全部集合放在一起拍一張照，讓累積的數量震撼他。也可以把所有囤積但放到過期的東西全部拿出來，換算成損失的錢和金額，也許是好幾千、好幾萬。如此一來，他們會發現，為未來擔心而囤積的一切，若放到過期，簡直就是把錢丟進海裡一樣浪費。

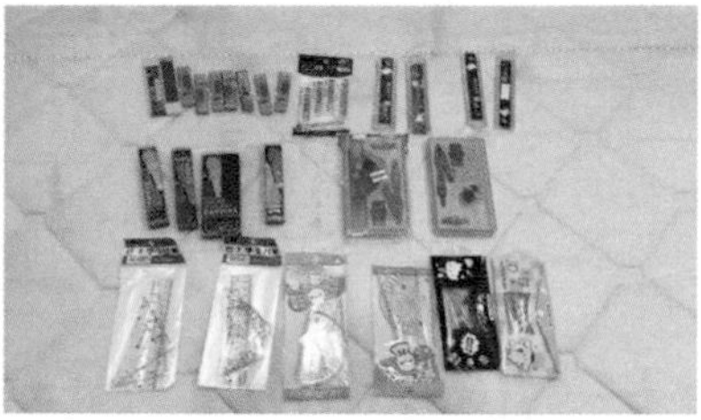

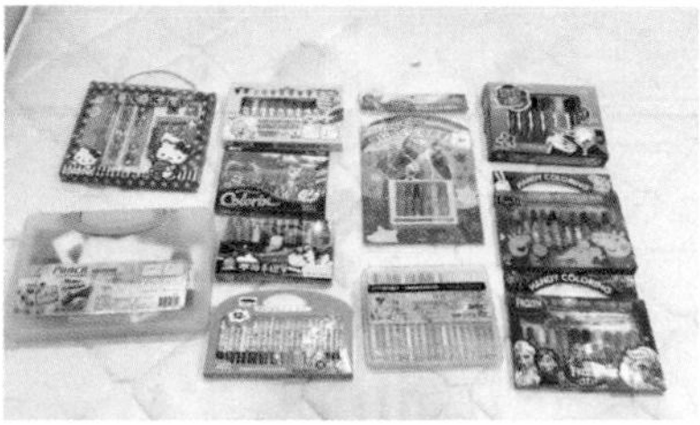

10 心理疾病型

有問題？ 強迫症需要一直消毒物品，或是一天洗手N次。

為什麼？ 過度放大細菌和髒亂的可怕，導致更無法整理物品。

怎麼做？ 需要回推到心理源頭，才能根治。

環境反映心靈，很多雜亂的空間投射的其實是屋主的內心世界。有很多例子不是屋主不收拾，而是心理疾病讓他們失去整理環境的能力。我前不久去考了日本整理師一級執照，在教材裡有提到，心理疾病型的簡稱CD型，指的是「慢性行為脫序，欠缺收拾能力」的慢性病，這種狀況大多是因為心理疾病所引起的囤積。

強迫症

曾經遇過強迫症的客人，因為過度放大細菌和髒亂，導致很害怕周遭的某些物品，例如害怕零錢的客人，他覺得零錢充滿了細菌太髒了，所以不敢帶進門，便把所有收到的零錢全都放在陽台上，逼不得已需要零錢時，他會戴兩層手術用的塑膠手套，小心翼翼的把零錢拎起。

還有遇過非常害怕髒的客人，只要是從外面帶進來的物品，要包一層又一層的塑膠袋，等徹底消毒過後才能歸位。也因為怕髒，不敢用手指碰各種開關，更不敢直接摸水龍頭，所以一直洗手，一天洗50多次手，洗到指紋都不見了。誇張的是，因為怕髒怕發霉，擔心東西放進櫃子裡會發霉，就把物品隨便放在外面，最後變成東西都散落在外，櫃子裡卻是空空如也的奇怪景象。

憂鬱症

這是個特殊案例。遇過一個女孩，她和之前自殺的作家林奕含一樣，十年前讀書時期遭到師長性侵，從那一刻起，她就一直走不出去，每天都很難過的在家哭，看了很久的心理醫生，吃了很多藥一樣沒用。偶爾狀況太嚴重的時候，會出現時空錯亂的情形。有時候會說自己很痛苦，有時候又抽離開來，說這事彷彿發生在別人身上一樣，時空交錯，意識很混亂。

她留下很多很多當時的東西，無論是讀書時期的書包、筆記本、課本，以及任何一樣小東西，對她來說這些都是證物，是有一天可以向性侵她的老師提告的證物。難過的是，法律的追朔期是十年，時間一經過了她也告不了，這些東西留下來，其實代表她的不甘心。

我告訴她，東西留著也改變不了事實，反而是在提醒她慘痛的過去。想要好起來，方法就是丟棄這些物品，放下。忍痛清掉的那一刻她哭得非常傷心，但神奇的是，在那之後，她竟然還同時清除掉大量雜物。在面對乾淨的環境之後，她似乎有種如釋重負的重生感。

躁鬱症

曾經遇過一個工作壓力很大的媽媽，因為躁鬱症喜怒的情緒起伏非常大，一下子很悲觀，一下子又過度樂觀。買東西出現很不正常的爆買症狀，一般人買衣服是一件件，她是一箱箱，買到店員拜託她不要再買。當然，家裡堆積的以箱為單位的衣服更是可觀。

躁鬱症和憂鬱症其實是並存的，過度樂觀的背後藏著過度悲觀，當媽媽檢視自己的物品，面對她和孩子的關係，突然明白，過去曾經窮困的童年讓她對錢很執著，拚命工作的她把自己逼得太死，想要放鬆卻靠大量買東西來慰勞自己。加上工作繁忙對孩子缺乏陪伴也用物質做填補，最後換來的是快要窒息的空間，和慾望無窮的孩子，讓她自己生病了。

Chapter 4

正確收納心法

看看你的周遭，不要打開櫃子，也不要拉開抽屜或掀開箱子，試著思考看看，裡面放了什麼東西？若想不出來，或是對裡面的內容物很不清楚，代表你沒有整理好，都需要全部拿出來再重新面對、重新收納分類。每個地方，當你閉著眼睛都能確切說出裡面的東西，代表你是真的、確實完成收納了。

01 集中：全部拿出來

在到府收納的時候，我總會要求屋主，把所有同類型的東西「全部」找出來，放在一起。這樣的舉動看似沒什麼，但「集中」起來的力量很可觀。

舉個例子，有個女孩把鞋子放在鞋盒裡，在還沒有集中的時候，她覺得並不多。但是，當我們拆掉所有鞋盒，依照鞋子的類別：平底鞋、高跟鞋、楔形鞋、休閒鞋、球鞋、靴子等，一字排開。看著眾多的鞋子，她突然沉默，從來不知道，自己無形中買了這麼多，一直以為自己少了哪種又繼續買，一字排開後發現，自己什麼都不缺。

很多人問我整理應該從哪裡開始？其實很簡單，從你不確定的地方開始。從那些容易跳過的

地方開始，試試看！盯著家中的抽屜、紙箱、櫃子，在不打開的情況下，你有沒有辦法明確說出內容物有什麼？若可以，代表物品有放在你能聯想的地方；若想起來的物品是重複在很多區域的，甚至想不出內容物有什麼，代表這些地方你都需要集中、下架一一檢視。最後你會發現，真正需要的其實只有一點點。

看清你失衡的購買慾

集中能幫助你了解擁有的數量，不過也是所有人最崩潰的點。因為所有的東西都要挖出來分類，看起來比原本還更亂，堪稱是整理的黑暗期。很多人會問我，為什麼連收好的也要拿出來？其實道理很簡單。人都是懶惰的，覺得某處應該還好，就會想直接跳過，例如不想把折好的衣服攤開來檢視，不想把紙箱拆開查看，沒有徹底拿出來集中的結果，就會讓整理不徹底。集中，能讓你了解擁有物品的真正數量和自己的現況。

「喔……天啊！我一直覺得沒什麼包包，結果集中算一算我竟然有50個包包！」要把家裡每一個角落的包包都找出來，因為「集中」才會發現，重複的東西竟然買了這麼多！

而且，集中的視覺震撼力，那滿滿的衝擊，你低估的數量，會牢牢記住在你腦海裡。這遠比任何人跟你說：「你已經買很多了，你有重複的了」都還有效，因為你會永遠記得。

俯瞰

然後，像擺贓物一樣，集中之後一個個整齊排列在地上，用俯瞰的角度去檢視所有的物品。俯瞰是由高到低的視線角度，也是最清楚的檢視方法，就像老鷹在天空盤旋、看著地面的房子一樣，每一個都清清楚楚地映入眼簾。而且透過俯瞰，你會很清晰地看見自己的需要，挑出那些真正重要的物品。

獨創「三袋分類法」

面對一片凌亂，總是煩惱、無從下手?很多人會拿個箱子全部掃進去，但這樣的做法只是「眼不見為淨」，一樣沒有整理，只是換一個地方堆而已。面對這樣的困境，我獨創一個非常、非常簡單的方法，稱為「三袋分類法」，這方法適用各年齡層，從孩子到老人都能學會。

首先，請準備三種材質的袋子，分別是紙袋、環保布袋、塑膠袋。

紙袋

所有你看的到市面上的大小紙袋都可以，盡量挑厚一點，承重力較好。

環保布袋

買東西、衣服或是一些精緻商品，有時都會收到贈送的環保袋、帆布袋等，挑像布一樣柔軟的材質即可，選大一點的比較方便。

塑膠袋

舉凡紅白塑膠袋、大賣場塑膠袋等等，大一點的塑膠袋都可以，盡量挑材質厚實點的，比較不怕破。

接下來，走進你雜亂的空間裡，舉凡你看得到、所有是紙類的東西，例如書籍、紙片、信件、名片、雜誌等，全部都掃進紙袋裡，不需要分類也不用整理，只要把紙類放進紙袋就好。接下來，把所有你看得到，空間裡像是布或織品的東西，全部塞入布袋裡，像是衣服、外套、襪子、圍巾、毛巾、圍裙等，然後剩下的，不是布也不是紙的雜物，全部塞進塑膠袋裡就好，就這麼簡單！

多數人整理時最容易犯的錯就是「整理得太細」，最後什麼都弄不好。利用三袋分類法，可以非常粗略地分出三種大概，就是紙類、衣服類、雜物類。當你滿地的雜物只剩下這三個袋子，根本不需要打開，你就可以知道內容物：紙袋裝紙，布袋裝衣服，塑膠袋裝雜物。然後你已經完成了初步的集中處理，接下來只要在紙類裡區分其他小類別即可，不必擔心看太多種類、分心或整理得太細，最後一事無成。

而且，三袋分類法的好處除了可以把雜亂空間區分成三種類，也可以直接把袋子拿到它對應的空間別。例如紙袋的內容物是紙類，拿到書房，到時候跟書房所有書籍紙類一起集中篩選。布袋的內容物是衣服，拿到主臥或更衣間，到時候一起集中衣服和織品，就不怕有漏網之魚。最後，你只要面對的，就只剩下塑膠袋裡的雜物。

分類變得很輕鬆，化繁為簡。因為很容易，自然對整理就能產生信心，更有動力往前繼續。有很多學員在上我的「人生整理課」的時候，學會了這個三袋收納法，瞬間茅塞頓開，很想趕快回家收拾家裡。其實，同樣的三袋分類法適用於各個空間，例如亂七八糟的遊戲間玩具，紙袋裝拼圖或書籍，布袋裝娃娃或是布偶，塑膠袋裝玩具，一下子，所有雜亂的物品都有了最初步的歸納，也更清晰了。

淨空才能看見原貌

我們在家裡住久了、生活習慣之後，都會有個盲點，要看出這個盲點，就是利用「拍照」。就像別人幫我們拍照，我們看見照片總會想：「奇怪？我長這樣嗎？」其實屋子也一樣，透過肉眼看的，和照片拍出來的效果不同。所以，拍一下你家裡的空間照片，看看照片裡你習慣的那個家，你會發現很多忽略的一切，在照片裡一覽無遺非常明顯。

淨空才能看見原貌，就像我們搬進房子裡久了，習慣了這裡是走廊、這裡是陽台、這裡是廁所。即使不方便，動線不順，我們也會因為習慣而遷就。但換個角度，如果我們今天搬進了毛胚屋，所有的格局都是空的，反而會產生新夢想，開始重新規劃最適合自己的動線和格局。

收納也一樣，若只是把東西移來移去，根本無法達到完全整理好的效果，因為只是換地方擺。但如果今天選擇的是把抽屜、櫃子淨空，或是把房間淨空，或許就能跳脫出根深蒂固的舊收納習慣，激盪出新的火花。書房不一定要當書房，可以變成更衣間，展示櫃不一定只能展示，也能變成最精緻的鞋櫃。淨空之後能有更多不一樣的點子出現，也能重新或懷著再建設出最理想居家的收納樣貌。

02 篩選：過濾和丟棄

多人對於「丟棄」總下不了手，覺得「可能哪天會用到、可能有還能用、可能有誰要用」。親愛的，沒有那麼多可能，繼續可能下去，只會讓你可能一輩子都住在倉庫裡。

這東西你到底放了多久？在還沒整理前，你甚至連它的存在都忘了，怎麼一看到才開始替它找理由。有捨才有得，這些不需要的雜物，我們謝謝它，然後丟棄。當你一旦開始丟棄，就停不下來，丟棄能讓你有更清晰的辨別力。

先丟掉「確定不要的」

整理時最常出現的問題就是：面對一大箱物品，拿出需要的之後，就往著剩下的發呆、放空，也不知道怎麼處理，然後一天就這麼過去了。其實真正的過濾、篩選方法是：先丟掉確定不要的！

也就是說，面對一大箱物品，你先挑出確定已經可以丟棄的。例如壞掉的食物、過期的發票、發霉的包包、底掉了的鞋子，這類一看就知道是垃圾的物品。當你去蕪存菁，丟掉確定不需要的物品後，剩下留在箱子裡的，才是你需要的，將這些再做更細的分類和篩選。

三個感覺：好喜歡、不知道、可是

再來是回到上一步「集中」，把同類物品拿起來看看，問一問自己的感覺，若你的答案是「好喜歡」，代表這樣東西給你很棒的感覺，被這樣的物品包圍會有幸福感，請你務必留下來。舉例：這件T恤是涼感上衣，很喜歡穿，因為每次穿都得好輕、好舒服。像這樣有美好感覺的物品，都值得留下來。

第二個感覺是「不知道」，若這個物品對你沒有任何感覺，覺得「食之無味棄之可惜」、可有可無、不喜歡也不討厭，但留著也不會使用的這一類，都屬於「不知道」，這樣的物品就適合捐贈或送人。舉例：你已經擁有很喜歡的星巴克限量城市杯，但面對家中的股東會紀念杯，卻沒有任何感覺，也根本不知道哪天才會用。像這樣的東西，就適合捐贈或是送人；也許你不愛的物品，在別人手裡是最棒的寶貝。

第三個感覺是「可是」的物品。只要你的感覺裡有可是，代表你對它有疑慮或是否定感；只要是這樣的東西都可以直接丟棄或淘汰了。舉例：衣櫃裡有件毛衣，你說這毛衣很好看，可是不小心洗到縮水了。「可是縮水了」，代表即使你放到天荒地老，它還是縮水。這樣的東西留著，下次打開衣櫃再看到，它還是被你跳過，所以又何必留著占空間呢？只要有「可是」感覺的物品都可以直接淘汰。

對了，要記得，所有「好喜歡」的物品都應該留下。至於「不知道」的，可以用大紙箱裝起，累積好了以後再寄出。「可是」和要丟棄或淘汰的，要用大的黑色垃圾袋裝起，回收或丟棄即可。利用紙箱和黑色垃圾袋可以快速區別垃圾和捐贈，不用一再回去打開確認到底是要捐還是要丟的，讓頭腦更清晰。

不要的東西，不用在意它的去向

把不需要的東西送走真是一件暢快的事，但是很多人會問：如果跟你索取的人其實也沒有需要呢？如果他拿去賣呢？我的回答是：總歸一句，我就是不需要了！不需要的話，在哪裡都可以，只要不要在我家就好。

有人要就給他，拿能幫忙帶走就好！若顧慮一大堆，什麼也無法處理。即便索取的人真的拿去賣，也許他真的窮困到需要拿去販賣維生，換個角度想，我們也是在做一件好事，那感覺就像你前男友，分手後即便他交了10個女友，也跟你無關了。因為你已經不再需要，若他能去下一個家更好，你也是做了一件好事。

其實我很害怕一種送人東西後卻一直詢問物品下落的人，例如親戚朋友硬要送你孩子恩典牌，卻每次都問：啊上次給你的怎麼都沒給孩子穿？這種問題都會讓我極度反感！你送給我，就是我的，我有權利選擇我要怎麼使用。所以將心比心，你已經選擇送人的東西，就不要再過問下落了。

不要被物品的價格綁架

這點在前面的篇章提到很多次。「可是……當初買一萬元好貴耶！」你有沒有穿，才是評斷這件物品去留的重點，而不是它的價格。不穿的衣服放在衣櫃裡，它只是一張很好的布料，說不上任何價值。再強調一次：物品的價格不等於價值！物品，是做出來給人使用的，唯有使用才能發揮它的功能，有功能才有存在價值。人的價值決定物品的價值，當你真心喜歡並且好好使用你嚴選的物品，那物品無價！

還有，留來留去留成仇。卡在價格，覺得捨不得丟、捨不得送，再看看你眼前的雜物，那些或許就是5年前的你留的，現在5年後的你仍用不到，還對著這些雜物發愁，所以就放過以後的自己吧！不要再囤積物品給未來，多年後你會感謝現在的自己。

專心在同一類取捨

很多人面對雜物的時候，總是拿A看B，例如拿著包包的時候又開始看化妝品，最後什麼都沒做好；腦力和集中力很快就耗盡。其實第一步集中篩選的用意，就是把同類物品放一起，這樣有助於抉擇。

在沒有集中之前，我們總是擔心「丟了這樣，我會不會就沒有了？」但集中起來之後，面對同一類，你就能在同類中選擇自己要的。假設都是褲子，你可以很清楚看見有10件牛仔褲，但真正常穿的就是這5件，很快就能取捨出要留的。記得，要把同類集中、放一起之後，再篩選抉擇。摺衣服也一樣，當你把同類集中，一直折T恤，折完再折褲子，會比一下子折衣服、一下子襪子、一下褲子來得更快、更省時省力。

想像一下，你是工廠生產線。當你只要一直重複做同一個動作（就像面對同類抉擇），事情變得輕鬆簡單。但當你一下子要裝零件、一下子要烤漆、一下子要組合（就像一下子抉擇鞋子、一下子包包、一下子化妝品），程序就會變得很多、很複雜，也很容易手忙腳亂。所以請記得，將同類集中之後，再專心做AAA單一種類抉擇，而不是ABC混合種類抉擇。越單純的類別，有助你越快篩選完畢。

03 分類：正確分門別類

小時候我們都玩過一個很有趣的抽籤遊戲：寫著「誰、在哪、做什麼」的紙條，然後隨意拼湊，就會出現很多不合邏輯的答案，像是「黃小明在廁所煮火鍋、李曉龍在廚房彈鋼琴」，而且大家總是笑得東倒西歪。但你有沒有發現，在我們居住的空間裡其實也出現了很多這樣不合邏輯的分類，只是我們沒有發現，而且還一直持續中。

這是什麼？在哪使用？多常使用？

到府教導收納常常會發現一些有趣的現象：家裡會亂，多半是隨手亂放導致。例如主臥室有洗碗精，廚房裡有化妝品，廁所有文具用品，床底下看到沙拉油，書房有個燉鍋等，每樣物品都放錯位置，但住的人卻覺得合理？其實我們忘了最簡單的一件事：東西在哪使用就應該放回哪裡。

我最常問他們的三個問題就是：這是什麼？你會在哪裡使用？多常使用它？然後，依照物品類別分類，再依照屋主習慣分別放到所屬空間，最後依照使用頻率做收納。東西分類好之後，不用急著把它收納起來，可以先用紙袋或籃子裝起，確定大小和數量後，購買需要的收納盒或收納物品，再做最後的定位，收納才不會功虧一簣。

分類法：形狀、功能、類別、材質

面對物品時，很多人不知道該怎麼分類，而且分類整理不是按照場所別，是物品別。例如現在要分類包包，就應該把所有的包包都集中起來一起整理，才能統一整理收納，否則又會在其他空間看到同類物品，又要重來一次。當然分類有很多方法，每個人習慣不同，適合的也不一樣。

形狀

對年紀小的孩子們來說，形狀和大小是他們最能區別物品的方法。所以，教孩子整理書籍的時候，我並不是用繪本類、故事書類這樣的分類，而是粗略的分成「高高的書、正方形的書、長長的書、小小的書、薄薄的書」等簡單的形狀來區分，這樣孩子們很快就能依照形狀別，來找到他要的書。

功能

東西的功能可以決定它的分類和場所，例如筆拿來寫字，會在書房使用；鍋鏟拿來煮飯，會在廚房使用等。依照物品的功能，來決定它擺放的場所和空間。

類別

類別是更細的項目區分，例如整理衣櫥時，可以把所有衣服分成外套類、褲子類、短袖類、長袖類、洋裝類等小方向的分類，就有助於篩選和歸位。

材質

材質是最簡單的分類，例如前述第一個集中步驟的「三袋分類法」，紙的材質放紙袋，衣服放布袋，雜物放塑膠袋。當然在陳列擺放的時候，同材質、同屬性也能創造協調美感。

04 收納：回歸到對的位置

收納是把東西放在對的位置上。成功的收納，必須是你閉著眼睛都能知道某樣東西放哪裡，在哪個位置。我教導過的屋主們幾乎都學會這樣的聯想性收納法！因為，他們已經完全記得並且能快速連結物品的位置。

收好，不等於收納

一般傳統型爸媽整理的方式，就是看到哪裡有空位就放著，或是亂藏起來，最後就會發生「明明是自己收的，卻怎麼也想不起來、找不到」的窘境。原因是，他的收納和邏輯沒有同步，導致物品收了是收了，但根本跟自己的邏輯聯想沒有連在一起，導致怎麼想，都想不出來放哪。

收好，只是一個大概，大概在某一個地方，大概在那一區。但是收納不同，收納根據邏輯習慣和聯想，把物品放在正確合理的位置。所以想到某件物品，就能很確切地說出它正確位置和數量。

Before

After

對最後的動作有意識

我們很常隨手把東西亂放，然後就再也找不到了。就像我老爸，可能是想去冰箱拿一杯飲料，然後一手拿著眼鏡，但當他拿出飲料，另一手就很自然地把眼鏡放進冰箱了。由於隨手亂放，也沒有邏輯，所以後來眼鏡怎麼找都找不到。很多人家裡的收納狀況也跟我老爸一樣！每次東西收好之後，很快又因為隨手亂放變亂了，而且最後發現時，老是出現在意想不到的地方。

對於這種狀況，我的回答是：對手上的東西、最後的動作有意識，並且「大聲」說出來。

舉個例子，我有個忙碌的客人，常常一心多用，導致分心、忘東忘西。忘了有沒有關瓦斯，忘了車停哪裡？我教她一個超簡單的方法，就是事情做到最後，大聲說出來，聽起來很蠢，但是超級有效。因為我們的思緒跳得太快，光用想的還不夠，有時甚至連「自己剛剛做了什麼？」都會忘記。但是大聲說出來這個舉動，會讓「思考」轉變成「聲音」來再次提醒我們。

所以，對於這位老是忘東忘西，物品隨手亂放的客人，我要他每當手上拿著東西時，就要很自然地說出「這鑰匙要放回玄關」。每當他出了車庫、關上鐵門，就會說：「我關好鐵門了！」這樣對每個動作的最後都有了意識，自然就不會再隨手亂放東西。而且當你對每一件事的結束都「大聲提醒」自己完成時，自然也不會再懷疑自己「到底有沒有做」了。

讓東西有「固定的家」

就像我們在處理電腦桌面的資料分配時，會很明確的把所屬功能分類出來，例如音樂的資料夾放歌曲，相片的資料夾放旅遊

照，文件的資料夾放公司報告等等；每個資料夾功能不同，內容物也不一樣。當你需要文件時，你不可能會到相片的資料夾裡面找，而是直接到文件裡面就能找到。這是在操作電腦時，大家很習以為常的觀念和做法。

其實你的家也一樣！想像一下你的家是一個電腦桌面，每個房間是不同功能的資料夾，你希望在這個房間做什麼事，就賦予這房間像資料夾一樣的功能。相對的，所屬的物品很自然就能直接歸位、對應到正確的空間裡。

Chapter 5

把家整理好
改變就開始

無論是幾歲的人，都希望能保有一個小區域，擁有自己的小天地，「家」就是這樣的地方。哪怕是一個房間、一個小角落，一張桌子都好，即便再忙再累，靜靜坐在屬於自己乾淨、整齊的地方，做自己最喜歡的事，待在舒適的「家」，就是最棒的療癒。

檢視環境
與你的人際關係

美好的空間，應該留給更棒的人事物。家應該是最溫暖的避風港，而不是囤積雜物的倉庫，我們應該享受的，是空間清爽、是美好環境帶來的提升，而不是屈就、委屈讓自己與雜物一同生活。

1 角色改變，做法也要跟著改變

「為什麼結婚有小孩之後，整個家都像失控了一樣？」

「我都有定期找過清潔人員，但就是……完全束手無策。」

媽媽告訴我，以前她念書住宿的時候、單身自己住的時候，明明可以把東西整理得很好。家，不是應該讓人放鬆的地方嗎？怎麼婚後，她變得好焦慮？

這是個「想找回自己」的案例。

這個家其實原本非常漂亮，而且媽媽曾經是位空姐，因為希望有更多時間陪伴孩子，所以離職回家帶2個孩子。從職業婦女轉做家庭主婦的她，其實內心深處有些掙扎，加上瑣碎的時間和龐大的家務壓的她喘不過氣來。於是，房子一點一滴被雜物吞噬；玄關地板堆滿了廚房雜物和隨手扔下的物品，餐桌早已被各種文件、包包、衣物堆滿，再也走不進去；客廳地上滿是玩具，沙發上永遠堆著折不完收不完的衣服。

日子久了，人也漸漸麻痺，所以有很長的時間，她幾乎不敢邀請朋友來家裡。連開門都只能開一個小縫側身進來，再把門關上，她說：「絕對不能讓鄰居看到家中場景！」所以每當孩子把門開得太大，或是門關得太慢，她會顯得相當焦慮。直到有一天，姊妹淘來看看她，一進門看到她家裡的狀況後，非常心疼的說：「你怎麼把自己搞成這個樣子？」

聽到姊妹淘這麼說，她竟然難過得大哭，也因為這一句話，打醒了她。

靜下來看看這個家，她似乎每天都在找東西，每天都有收不完的東西。即使試圖想要整理，但是雜物已經蔓延到無從下手的地步。而且，她也變得好煩躁、好容易發脾氣。

這是許多家庭主婦的常態。婚後、生完小孩之後，人生不再是一人或兩人世界。人生多了老公和孩子，你不再只是控制好自己的房間就好，還必須整理整個家的空間。就像，整理一個抽屜很容易，但要整理五十個抽屜卻很吃力一樣的道理。

範圍變大，東西變多，所以讓人無法負荷。即使找過清潔人員，也無法解決，因為問題並不是出在清潔（而且根本無法清潔）；重點是整理、收納。我告訴她，只要你的家整理好了，你自己就能清潔，而且非常輕鬆。

改變開始

我發現，她的整理方法很容易陷入「不小心整理得太細」的模式裡，這也是絕大多數人最容易犯的錯誤。

意思就是說，開始整理的時候就花太多時間在檢視物品，結果一回過神，幾個小時甚至一天已經過去。明明花了很多心力，卻好像沒有整理一樣。所以，只要空姐媽媽開始陷入卡關狀態，我就馬上把她拉回來。久而久之，她慢慢變得敏銳、有抉擇力。

舉個例子，餐桌上有很多種類的雜物，於是就坐在餐桌翻閱書籍猶豫要不要留，再試寫看看筆有沒有水，又看一下文件是什麼時候的，然後又發現衣服也塞在那裡……最後，還是都先放著好了，徒勞無功。

所以，我教她「先分出大方向就好」，其他都不用思考的分類法。像是書籍類、文具類、文件類、衣物類、餐具類，先依照這些東西的類別，分類好，再拿去正確位置放（不用整理）；書放書架旁、文具文件放書房、衣服放衣櫥旁、餐具放廚房。等到整理到書架的時候再一併整理書；整理到書房再審核文件去留；整理到衣服再篩選。

爆炸的廚房幾乎看不出有吧台的存在，烘焙的東西也只能隨處塞在高腳椅下。難用的系統櫃空間，我利用各種不同的透明收納籃，很快的解決媽媽所有收納問題。

媽媽最頭痛的是，家裡最後面的房間。那裡本來還稍微走得進去，但日子一久，東西越積越多，已經完全看不到地面了，甚至連走進去都得要小心翼翼，害怕踢到雜物或是讓它倒塌。另一個誇張的是衛浴空間，東西幾乎滿到門關不上也走不進去的地步，我甚至不知道裡頭其實是有浴缸的。

媽媽照著指示一步步執行，集中↓篩選↓分類↓收納，「家」慢慢的看出了雛形。變成倉庫的衛浴空間，整理完之後，不見天日的浴缸和大理石檯面閃著光，好有質感。所有的東西都歸位，吸塵器吸過後，房間的地面反光，真是美麗。我知道，整理後的空間會回應你，那些光芒是房子在說謝謝。

Before

After

給親愛的你

家的改變，就是你的改變。你靠著自己的雙手，努力把家收納回最美好的樣子。當廚房變整齊之後，你找回了對烹飪的喜好，可以每天邀請不同的親友來家裡吃飯，大家圍坐在餐桌邊，享受著你精心準備的料理，多麼得開心！這就是收納整理帶來的奇蹟，一切都好像重生一樣。

2 找回自我價值與對人的信任

「因為很懶得打掃，地板很髒，不用脫鞋，我們家都是直接穿鞋的。」媽媽說。

「其實我女兒一直很希望能有一個能赤腳踩的乾淨的家。」她再補一句。

「廚房是我的夢想，希望整理好的時候，就能認真下廚！」

「女兒一直希望有一個像飯店般的餐桌，所以我把高腳杯拿出來了……只是餐桌永遠堆滿雜物。」

「我希望這裡能有書房和客房的功能，但每次東西來就往這裡堆，就變成這樣……」

好多願望的媽媽，一直說著。

這案例的媽媽有好多遺憾和心願。

第一次走進這個家、踩進客廳的時候，腳下那個被灰塵覆蓋的，是變成灰色的白色磁磚。進到廚房，看得出來好一陣子沒有開伙了，也見不到高腳杯，只有被衣物和書本、電腦堆積的餐桌。然後我們走到了房間，又是被雜物淹沒的床和書桌。

我點出她們家整理的最大主因：每一個空間和區域都存著家人的夢想，卻因為「懶惰」，導致每個空間變成「複合式」，每個空間的定義都模糊了，物品的歸位當然出現很大的困難。然後因為亂，就難打掃；因為要移開雜物才能清，於是就放棄打掃了。

我們從最亂的客房開始處理，想不到節儉的媽媽，在第一關的「丟棄」就出現很大的障礙！因為她總是為物品找藉口，說出來的理由牽強到讓她自己都結巴。即使放了很久無意義的物品，她還是會用「那是花錢買的，所以不能丟！」的理由來搪塞。

「那這些不用花錢免費的贈品都可以丟嗎？」我反問，但她再度否認。其實，東西不管價值是多少，留在家裡不使用，它就是廢物！是不是花錢買的，管他是3,000元或是免費0元，只要放著不用，它的價值都是0。

「我不幫不丟東西的人服務，如果你還沒有準備好，那請我來沒有意義，我先回去了。」我很直接了當的告訴她。

「老師不能走！快去把門鎖起來，好好好……我聽你的！」媽媽個性很皮，激動大叫。

收納必須建立在信任上，你希望有好的環境我一定能給，但若不願意配合，我也無法教你任何東西。當然，你也可以不丟任何東西，但這個家不會有任何改變。

後來，我講了個故事給她聽。有一個客人的媽媽，因為捨不得，把年輕到現在所有的衣服，一箱箱的囤積在頂樓，數量非常驚人。有一天，老舊的洗衣機忘了拔插頭，空轉導致電線過熱走火，一把火燒了她所有的衣服。那些成千上萬的衣服，就像被打入冷宮的妃子們，而那一把火，就是讓她們解脫的毒藥。衣服們寧可自己斷送性命也不要在不見天日的地方活著。說也奇怪，面對囤積了半世紀的衣服被大火吞噬，變成殘渣之後，媽媽沒有捨不得，反而有一種解脫的快感。

改變開始

接著，我花了整整3小時，全都在導正她的觀念，講到嗓子都啞了，媽媽終於開始正視她讓房子變成這樣的原因，接著配合我的方法，一步步執行。在旁邊跟著一起學習的弟媳，發現這樣的轉變，覺得非常不可思議。

我們在客房清出大量、根本不會再看的研習手冊，甚至還有20年前媽媽住宿時的鞋架。「它陪了你這麼久已經夠本了，而且已經損壞，你謝謝它吧！」也許是一把火的故事打醒了她，她拆了鞋架，跟它說再見。後來，又在堆積得滿滿的雜物裡，找到許多女兒的作品，我利用清出來的玻璃櫃，幫忙陳列出那些最漂亮的作品，甚至將幾乎荒廢的3樓空間，規劃成孩子的遊戲室。小學二年級的女兒看見時開心得不得了。

白色磁磚，由於累積了大量灰塵，甚至得用菜瓜布才能刷乾淨。本來很懶得打掃的媽媽，在整理的同時，同一個房間至少拖了4次地。但經過媽媽的打掃過後，終於回復到最原始的潔白樣貌。神奇的是，一直要穿鞋子才能走進來的家，在打掃過後，開始脫鞋子了。

重頭戲是媽媽的夢想廚房，我們清出大量不需要的贈品杯盤，送去義賣。我發現媽媽

Before

After

Before

After

的個性適合開放式收納，因為只要放在櫃子裡、抽屜裡，她都容易忘記就不會使用。於是，又利用現有的木架和雜誌架要她把食物、電器、杯盤一一陳列出來，漂亮又不會忘記。收納沒有一定的標準，只要對了，就是最適合那個人的收納法。

其實，媽媽不知道怎麼運用空間，一直以來都把每個空間做「複合式」使用。我到府調整，把房間規劃清楚。慢慢的，她開始學會了我教的聯想性收納法。當我把東西遞到她手上，她就可以很快告訴我，小孩的玩具要在遊戲室，書在書房。這些看似容易的事，在面對一整堆要分類的時候，其實是很難理出頭緒的，媽媽有很棒的進步。

對了，還有整理衣櫥的時候，我發現40歲的她竟然有大量阿婆樣式，全套花花的休閒居家服！因為是親戚免費送的，所以她開始不注重形象在家穿、出門也穿，覺得舒服就好，「反正又沒有要去哪，有什麼關係⋯⋯」老氣的衣服整個讓她看起來像60歲的歐巴桑。

「衣裝是代表人外在最直接的反映。」我告訴她。在家，你可以穿得休閒，但出門之後，你代表的是你老公的妻子、你女兒的媽媽，沒有人希望看到你這麼隨便。連他先生也說，很怕女兒以後跟她一樣。

只有你自己愛自己，別人才會愛你。她突然像被打醒，那一天，不抱任何期待的老公，看到她走下樓時換了一套長版上衣和內搭褲，眼睛都亮了。後來她才知道，打扮不只為了別人，也為了自己。

當整個家都恢復到最原本的樣子，媽媽再次回想她第一天說的願望：「希望能赤腳走在家裡；希望能用高腳杯配酒吃晚餐；希望能有乾淨的客房；希望有整齊的廚房可以下廚。」她甚至還多了飯店般的浴室，超讚的遊戲室，可以靜下心寫字的書房，可以輕鬆躺著看書的主臥室，還有凝聚一家人向心力的乾淨客廳。

我很高興看見她這幾天的改變，從一開始什麼都找藉口不丟，逼得我想直接走人，到後來會整理，還很篤定的告訴我：「老師，我還可以再篩選一些掉。」這是多大的改變！

媽媽開車送我和她弟媳到高鐵的路上，開口說了：「老師，謝謝……」之後突然無預警崩潰大哭，很激動的大哭，這是她弟媳從來沒有見過的畫面。

「我好像覺得太晚了……」她哽咽的說。

深入了解才知道，她25歲時就上過心靈課程，在那之後就一直想把娘家弄好，但始終沒有頭緒。加上嫁人後有了自己的家，卻常因為不會整理跟先生有衝突，即使放假想好好整理，但觀念不對，家還是一樣亂，辛苦沒結果，只能放棄，甚至錯過了回娘家跟父母相處的機會。直到年前，最愛的父親突然走了，她才意識到自己真的不能再這樣下去，預約我來教她，但這親手完成的美好成果，卻來不及跟父親分享。

給親愛的你

從你覺醒的那一刻起，一秒都不算晚。就是因為對父親的那份遺憾，促成了一度放棄的你積極預約我來拯救，即使成果無法跟父親分享，在遠方的他會替你開心，「我的女兒進步了，她可以把自己的家整理得非常好！」你要延續對爸爸的愛，好好把我教導給你的收納法回到娘家再教給媽媽、教給女兒一直延續下去。只要你有心改變，何時都不算晚。

3 和美好環境一起成長

我們都喜歡住民宿，喜歡那種鄉村風的恬靜美好，但你有沒有想過，一旦真的把民宿變成了家，會變成什麼樣子？

這是「得到，卻覺得自己配不上」的案例。

這個家的女主人非常喜歡鄉村風，當初買下這間已經不營業的民宿，就是買下一個稱之為「夢想家」的希望之家。可是，搬進來住之後，卻發現「夢想家」的問題越來越多，而且怎麼樣都無法把家收納好，無論怎麼整理看起來就是亂，就是沒有當初這麼美好。

同樣的東西和家具，在以前的公寓看起來自然不過，但搬到民宿擺起來，就顯得低廉、醜陋、不協調，到底是發生了什麼事？明明是自己最渴望、想住的房子，卻讓她失望透頂。於是，她開始逃避，不喜歡回家，一到假日就馬上帶著孩子出門，一刻也不想待在讓她充滿壓力的家。

改變開始

我環顧了這個女主人的家，對於她家的種種問題，告訴她一句話：「其實你心裡覺得配不上這個家。」一瞬間，她漲紅了臉說不出話來。

我們認知中的民宿，像飯店一樣，沒有雜物，乾淨舒服得讓人放鬆。因此，民宿不可能有太多的收納空間。同樣的，民宿也就不能有太多「生活感」的東西，意思就是：民宿沒有太多我們家中會有的所有雜物。所以，只要是一般的物品和家具，放進了她的「夢想家」都會覺得不搭。

這就像一個穿著牛仔褲的女孩，突然得到了一件高級洋裝；女孩愛它，卻怎麼樣也穿不出門。因為穿上後發現，球鞋跟它不搭，髮型跟它不配，所有的包包和配件都配不上高級洋裝。所以，女孩開始有了壓力，明明是愛不釋手的東西，卻成了燙手山芋。

親愛的，你已經搬進來一年了，卻好像一點也不認識這個家。這是你夢想中的好房子，也好不容易到手了，怎麼這樣對待它？你是不是要努力去認識它，同時調整心態，好好的跟自己、跟這個家溝通、了解它，讓這個家釋放出好的能量回饋你。

我教導女主人透過收納，來找到與家溝通的居住平衡，讓自己成為更適合這個家的女主人。那些原本從舊家搬來的鐵架，我們把它送給別人，那些亂七八糟的雜物，我們努力清除。至於孩子們的玩具，他們學會了統一分類，整齊收在櫃子裡。而那家裡一定會有，總是堆在地上的衣服，我們讓它們有了更適合的衣櫃和雅致的藤籃。

Before

After

給親愛的你

告訴自己：「這是我的家，我愛它。」你的夢想家就是你的家，你值得。回歸到根本，收納不只是收納，是讓你找回對家的渴望，也找回你遺忘、失去的自信。你不需要過多的雜物，但要學會愛自己、要提升自己的質感；你也可以穿上美麗的洋裝，成為一個散發自信、擁有光芒的女主人。

家不是某個人的
別用環境勒索家人

我深信環境反映心靈，也從每個小細節看見了你們的內心，同時去了解你們的想法和心情，用心傾聽後重新給予正確觀念。相信，丟掉那些抱怨和雜念，用你們對家、對彼此的愛，就能織出一張屬於自己的幸福關係網。

1 給家人安全感和歸屬感

大多數人都一樣，因為「可惜、捨不得」就把東西留在身邊，卻忘了一件最重要的事，我們真正需要的是「愛與空間」。

這是一般台灣家庭的常見的案例。

這個家本來的模樣很大、很漂亮，卻因為幾十年的囤積變了樣，所有的空間都逐漸失去功能，沒有一個功能齊全的房間，每一個空間，都像倉庫。

回到家，孩子們沒有自己的房間，沒有屬於自己的空間，失去了對家的「歸屬感」，漸漸的對回家產生壓力。因為每一次從異鄉舟車勞頓回家，迎接他們的不是乾淨舒適的家，而是大量雜

Before

Before

After

物的負能量。

家很大，卻沒有自己的房間，孩子們非常失望，也很努力想要改變，但對於20多年年沒有整理的家，完全無從下手。因為……廚房油煙會往上飄，加上廚具老舊根本不堪使用，只好在後陽台搭設了簡易的廚房。但簡易廚房卻也因為囤積了太多雜物，讓廚藝很好的媽媽漸漸不下廚了。

大多數的時候，媽媽都是一個人在家，爸爸在外工作，三個孩子也在外讀書，媽媽其實非常孤單，加上身體不好，面對雜亂、囤積的房子，即使想改變也無能為力。最後，一家人達成了共識，他們請我教他們一家人收納。

改變開始

媽媽跟爸爸知道自己面對雜物會捨不得，所以在最困難的前兩天，安排出遊爬山等活動，把清除雜物、收納的任務全權委託三個孩子和我一起學習。幾天過後，家裡慢慢乾淨，父母有了信心，才加入我們行列，這樣做起事來更事半功倍。接著，我依照他們的需求和願望，重新定位規劃每一個房間，告訴他們一家這個房間未來的樣子。

雖然到處滿滿都是雜物，但整理好之後，「我會讓它變成弟弟的房間，這裡會是二姊的房間、這裡會是大姐的房間、這裡會是新的餐廳，這裡會是放茶葉的小倉儲……」，我邊說著，邊規劃出新的藍圖。三個孩子微笑看著我，眼睛閃著光，好像看見希望，他們非常非常努力學習。

大量蔓延的雜物清除後，我說的一切都實現了。甚至，我還給了一家人最棒的書房，當媽媽不可置信的走進書房，像個少女一樣興奮的坐在曾經堆滿雜物的星球椅上，抱著曾經被丟在樓梯口數年的娃娃，看著書房裡的每一本書，櫃子，桌子感動的告訴我：「老師真的很謝謝你，我就是不會整理，讓這些孩子吃很多苦……」一瞬間，我也覺得鼻酸，孩子想幫媽媽的，她都知道……只是面對龐大的雜物，她無能為力，只能用逃避和情緒勒索來處理。

現在，弟弟有了新房間，非常開心的帶朋友來家裡玩。大姊有了新房間，終於找回對家的歸屬感。二姊有也了新房間，並沿用媽媽的嫁妝，也有了化妝台。爸爸則有了新書房，輕鬆就能找到需要的報告。媽媽有了乾淨的主臥，很快就能找到想穿的衣服。一家人有了美好的客廳，媽媽放上花瓶插上一束美麗的玫瑰花。爸爸坐下開始泡茶給大家喝。

給親愛的你

其實，每一個人都渴望清爽乾淨的空間，可是一旦讓雜物控制了，就委屈求全的過日子，讓家的生活機能像倉庫一般，住的品質降低，最後落入無止盡的爭吵，又累又難過的活著。有了乾淨的環境，大家就能聚在一起，一起歡笑聊天、一起吃著媽媽動手做的料理，那種幸福感覺，就是家的魔力。我們真正需要的，只有愛和空間就足夠了。

2 保有自己的空間

收納和家的關係密不可分，但最主要的問題在於，住在裡面的人「現階段」想要的是什麼？也就是說，空間，其實是要跟隨著住在裡面的人做改變，才會進步。

這是台灣家庭滿常見案例。媽媽每天都覺得焦慮，已經很努力了，為什麼沒多久就亂？為什麼怎麼弄都不對？為什麼只有爸爸一個人覺得很自在？

「這個家，最早是爸爸單身的時候住的，裝潢和空間設計當然都是以當時的爸爸為主。」我看過整個家的一切之後，分析給媽媽聽。爸爸來住一切都很OK，但是後來，兩人結婚、有了小孩以後，爸爸的環境沒有改變，反而是住在裡面的媽媽要改變。因為這個空間裡沒有「媽媽」的元素，所以才會覺得很陌生，什麼都弄不好。

一瞬間，媽媽突然懂了。

改變開始

被雜物囤積，走不進的更衣間不是不好用，而是不符合媽媽的需求。我量了尺寸，帶媽媽去特利屋添購適合的抽屜櫃之後，所有的物品都有了家，她可以很輕易找到需要的東西，這才是「她」的元素。

客廳的玩具明明整理好了，卻怎樣都覺得心浮氣躁，原因在於「視覺焦慮」！原本客廳的設計風格是低調、簡單，但有了孩子，就融入了大量彩色的玩具，兩者顯得格格不入。加上孩子現在上幼稚園了，我告訴媽媽，應該把少用的客房，打造成孩子的遊戲室。於是，我們把客房的床立起來放，收在書櫃的背後，未來即使有客人來，也可以馬上拖出來使用。玩具，則集中在同一房間，可以訓練孩子的歸位能力，也不必再擔心玩具在公共空間四處流浪。至於少了玩具、

Before

After

少了視覺焦慮的客廳，看起來更有質感，爸爸非常滿意。

原本，客房的衣櫥放了孩子的衣服，但衣櫃拉門年久失修，壞掉了很難開，孩子的衣服放不回去，就流浪在外面的床上，我直接建議請爸爸把門拆了，前往特力屋添購窗簾桿和門簾取代厚重的門，可愛的圖案讓孩子很開心，更方便拿取衣服。

「一直以來，我都希望能有自己的小天地，所以買了一張沙發放在主臥室，但是，我還是無法放鬆。」媽媽說。我告訴她，其實那是「空間別」的問題，跳脫了空間，即使是在隔壁房間，也會有不同的放鬆效果。於是，我建議她，把主臥室的小沙發和按摩腿的機器一併移到遊戲室，她可以陪在小孩身邊一起讀書，甚至在小孩睡了之後，自己一個人來這裡，坐著喝一杯咖啡，看一本想看的書。即使先生和孩子在主臥睡著了，媽媽也能擁有自己片刻的自我時間，那是他愛自己最棒的表現。

現階段的爸爸想要有乾淨的客廳；現階段的孩子想要有玩玩具的地方；現階段媽媽想要有自己能放鬆的區域，所有的需求都達到了平衡，家的輪廓也更清晰。

給親愛的你

當家裡整理的問題，回到了「人」的本質需求上，就能找到原因，解決它。

3 權益該自己捍衛

「買這棟房子的時候，是公婆看好的，說房子地理位置不錯，價錢也可以。」屋主媽媽說。

「因為忙著上班，就這樣決定買下來了，嗚……」然後，他突然難過得哭出來。

這一個身不由己的媽媽，辛酸泣訴的案例。

第一次買了自己的房子，應該要是很開心、很興奮的。可是，好不容易有的、自己的閉風港，卻因為公婆擁有自己家裡的鑰匙，三不五時就往家裡跑。一開始，只是放食物在冰箱之類的，後來越來越誇張，會趁夫妻都出門上班時，帶朋友來他家參觀、討論，這讓媽媽一點隱私都沒有，非常困擾。而且房子買來後，媽媽希望能重新依照自己的喜好裝潢，但公婆卻強力反對，說當初買這房子就是因為前屋主裝潢都很棒很扎實，不能改掉裝潢！

說穿了，從頭到尾，夫妻倆不像房子的擁有者，反而比較像是付錢的人。因為房子的決定權還是在公婆身上，整個家充滿了公婆的意見和支配，讓媽媽快要喘不過氣來。

「明明是因為不想跟公婆同住，才會努力存錢買房的，怎麼買了之後，一樣脫離不了被控制的命運？」媽媽說著說著，難過得哭出來。

生活在一個根本沒有自己元素的家，簡直就像是暫住在別人家一樣。我很能體會這種感覺；期待用畢生積蓄換來自由，但到頭來竟然只是從一個坑，跳到另一個坑！我鼓勵她，現階段既然沒辦法改變裝潢，但至少能透過收納，找回自己的生活方式，找回對家的渴望。媽媽聽了很感動，擦乾眼淚跟我們一起執行收納改造。

改變開始

我把所有空間都做了新的設定，客廳、餐廳不該有孩子的玩具和書籍。玩具統一移到4樓的遊戲室，遊戲室的玩具統一分配收納後，環境變得整齊又乾淨，孩子超級開心愛上這裡！至於書籍在統一收到書房後，本來亂七八糟的和室，馬上變成孩子的閱讀天地。我們也利用2、3樓的主臥衣櫃，來做為收納換季衣物的交替空間，讓媽媽做家事時，變得非常輕鬆方便。最後，再把3樓閒置的房間，打造成媽媽的辦公室，讓他可以專心在這裡改考卷，閱讀自己的書籍，做學校的事情。

當他看見一個這麼陌生，這麼不熟悉的家，透過收納量身訂作，有了自己的空間時，感動得說不出話，不停地跟我們說謝謝。我相信，要捍衛你的家，唯有透過好好愛它、了解它，才能創造出更棒的新生活方式。

給親愛的你

當你一昧配合，覺得受到委屈時，已經開始遷就環境，遷就別人。我們無法改變別人，但我們可以改變自己的想法。謝謝他們的關心，但不要全盤接受往肚裡吞，調整心態找出平衡，才能解決失衡的關係。因為這裡最終還是你的家，生活在裡面的人是你，或許短時間內你沒辦法改變家的風格，但你可以重拾對家的嚮往，給自己空間，才能過得快樂。

Before

After

因為家人
不會整理？

許多人汲汲營營於買房、營造出屬於自己的想像中的家，但卻疏於打掃、整理，家的機能失調，生活過得一團亂。或許你會怪罪家裡沒教，但何不從現在開始面對，教導下一代養成好的收納觀念與整理習慣，就能把自己帶離童年那個髒亂環境的夢魘。

1 猶疑不定，什麼都想要？

「不會收納是不是跟原生家庭有很大的關係？」她困擾的問。

「是！」我必須這麼說。

因為你從小就看著父母行為做事，他們不會收納，你當然就不會，也沒有人教你怎樣收才是正確的收納，怎麼做才是真正的整理。久而久之，你的整理模式就會無意識的複製父母，用無止盡的堆疊法來整理環境。

這也算是滿常見的案例。屋主是一個即將結婚的準新娘，她很不擅長整理收納，擔心嫁到對方家「一樣亂」的生活，會讓公婆傻眼。她想學會收納，想說至少在結婚前，送給自己也送給娘家一個禮物，就是把娘家所有屬於她的東西，都好好的整理一遍。

娘家的和式房間本來是她的琴房，她從小在這彈琴練琴。出社會後，東西不停累積也不停載回老家堆積，媽媽不會整理，只能用紙箱和架子裝、疊進去。不停堆積的結果，就是琴房再也看不見地面，甚至走不進去。

改變開始

我們花了很多時間破解一箱箱的雜物，整理、分類、丟棄。在整理的過程中，我發現屋主會堆積如山的東西，當中最大的原因，竟是「她興趣廣泛」。像是，她喜歡做卡片，就買了很多卡片素材，然後因為沒收好、忘記了又再買新的，光是找到的素材累積起來就有3箱之多。

他也喜歡編織包包，其中一個編織到一半的紫色包包，還躺在雜物堆裡根本沒有人記得。她還喜歡做手工皂、喜歡做清潔劑，滿滿滿的原料塞滿整個房間。還有美容的器材的假人頭、泡腳機、幼保的玩具教具繪本，每一樣都是她廣泛興趣下產物。

我們一步步來，終於整理出一個頭緒，丟掉了不再使用的電腦桌和大量雜物。那些亂七八糟、製作手工皂的物品，她依照我教的分類，很快就整理好、變乾淨。特別是較重的粉類、油類和皂的成品，都收納在現有的四層櫃裡，其他較輕的原料、香料、容器包裝，則收納在開放式的架子上，方便之後能簡單拿取，輕鬆歸位。雖然整體是開放式的，看起來沒有抽屜式收納來得整齊，但看得到才會記得使用，所以她非常滿意。

當整個房間還原到本來的樣子，踩在木質的地面上，她開始擦拭那台陪了她好久的鋼琴，擦過每一個琴鍵時，還輕敲出清脆的單音。當下，鋼琴就像被喚醒了一樣，在說謝謝。

給親愛的你

當然，培養興趣很棒，但擁有一門專精的領域會更有意義，也能讓你充滿活力與成就感，從成就感中達到舒壓、療癒的效果。收納的過程，其實就是一個不斷跟自己對話的機會，藉由不斷取捨，最後讓你就能看見自己真正需要的。

Before

After

2 究竟是誰羈絆你？

「長期以來，我總是責怪媽媽累積這麼多東西，把家裡弄得那麼亂。讓媽媽很反彈，我也很火大。可是，最後我終於明白，即便多想要改變，我還是跟媽媽一樣，沒有整理的能力……」女孩懺悔、陳述著。

「我媽媽很捨不得丟東西，非常惜物，我們常常為了整理家裡爭吵。」她說。

Before

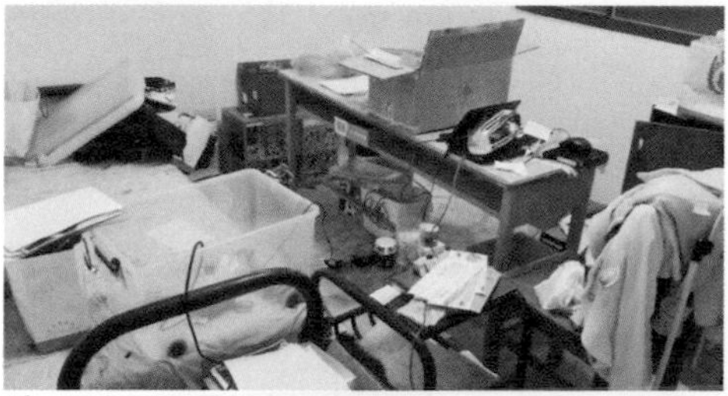

After

「原本，我是希望能預約老師來改變媽媽，但後來我們鬧翻，我搬出來後才突然發現，面對這些東西，自己跟媽媽一樣無能為力。」她紅著臉說。

這個案例也滿常見的，你是否也曾這樣埋怨過家人不會整理？

而且我發現這女孩很有趣，面對自己所有的雜物，取捨都算快，但面對文字類型的文件和字條等等，竟然出現很大的取決障礙。她必須要「一再檢視」所有寫過的字條內容，但確認過後，竟又繼續堆放在一起。等到下一次再看見時忘記了，又再一次檢視；她永遠花很多時間在做重複確認的事。

最可愛的是，她很喜歡用便利貼寫下待辦事項。我在1樓的廁所前，2樓的主臥室床旁邊、書房的書桌前，手帳裡的某一頁還有A4紙的背面，都看到了同一條代辦事項：「寫信給《收納幸福》廖心筠」。

「小姐，你一直說要寫信給我，過了兩年我都到你家來了，都還沒收到你的信耶！」看到這幾張便利貼，我忍不住噗哧笑出來，頑皮的反問她。

「我總是覺得，得要做足功課、找齊資料，等到天時地利人和的那一刻才能執行。所以每次查一堆資料、做了很多記錄，最後還是無疾而終。每一次決定要做什麼，總覺得事情還沒到萬全之前，就無法行動，一直想要自己整理到一定程度，再寫信跟你分享，結果我根本都做不到。」她不好意思的說。

改變開始

我們整理出很多很多重複的文件、重複的計畫、重複的紙條，最後她也明白了，與其花這麼多時間計劃，等待自己可以好好執行，不如從這一刻起，立刻動身去執行。

整理過後的家，媽媽來看過了，雖然沒有特別說什麼，但可以感覺到，媽媽其實也很佩服女兒的執行力。或許，我們都會有不會整理的家人，導致我們無法學習怎麼整理，但試著從自己做起，當你變好了，家人會看見你的轉變進而受影響的。

給親愛的你

人生若一直卡在「完美主義」上，希望一切都準備好了才去做，就永遠沒有啟動的那一天。做任何事情，最重要的其實是跨出去行動的那一步，而不是一再的計畫、想像。沒有行動，想像都是空想。

3 只有往上堆這個方法？

「常常看到無印良品或是IKEA等漂亮的裝潢或樣品屋，總覺得住起來應該很舒適。其實就是因為它的東西都很少，所以怎麼樣擺都不會亂，但自己的房間就是東西太多、看起來雜亂，就算清掉了一些看起來還是很糟糕，感覺沒什麼長進，很失落。」女孩說。

這是嚮往能有圖片中、廣告中，有個美好居家環境的案例。因為這個女孩的家裡是修改衣服的，一進門，從客廳開始到處堆積著修改的衣服，一件一件、一袋一袋。坐在縫紉機前埋頭苦幹修改的媽媽看了我們一眼，打聲招呼後繼續工作，地上滿是碎布和線頭。

「我們家都不會收納，所有全家人的整理方法都差不多……」上樓前她苦笑著說。走上樓梯可以看見，除了她的物品，其他家人的東西也是堆積如山，全都捨不得丟，用紙箱裝起，一箱箱往上堆疊。

女孩從桃園搬回台中的家幾個月了，即使想整理，總是無從下手，過多的物品只能不停的往上堆疊，小小的房間最多就是三層、四層的組合櫃，和累積的滿滿滿的雜物。

改變開始

評估了一下，發現她房間的所有家具、櫃子的配置都不大對勁。床頭櫃沒有靠牆是擺在中間，櫃子擺放的位置也出現很大的問題，所以環境看起來更擁擠。於是我們一起把所有的櫃子定

Before

After

位，放到正確的位置，過多的物品則是一起跟它們說再見，捐贈送人，回收。

女孩很可愛，剛開始也是出現捨不得的個性，但還是從「很難面對丟棄書籍」，到後來很帥氣的跟我說：「那一套不厲害，丟！」然後清出所有的雜物，還給房間最美好的樣子。勇敢捨去那些牽絆你多年的雜物，把空間留給你最珍藏的寶貝，才是最值得的。現在，她可以輕鬆的從架上拿一張珍藏的CD出來聽，在書櫃裡選取一整套、喜歡的小說閱讀，同時看著陳列出來，在櫃子上漂亮的紙膠帶。是吧！改造後生活多美好。

給親愛的你

親愛的，我們不一定要做到「我的家空無一物」的極端境界。你的房間是最私密的地方，是每個人放鬆休憩的空間，只要不被雜物吞噬，房間乾淨了，妳的生活一定也會更清爽。加油！

給另一半、
孩子們一點空間

教育可快速影響孩子的行為發展，所以從小就可以教導孩子養成「不持有」的習慣，這樣孩子自然能珍惜他所擁有的物品，擁有知足的精神。等到孩子長大之後，父母也要學會放手、不干涉，同時尊重孩子的決定，培養他們獨立的能力。

1 整理，帶給家人正向力量

我一直相信，「改變環境」是改變心境最快的方法。所以一直以來，我總是會在每一位教過的學生家，為他清出一小塊「淨土」，陳列她最愛的東西，哪怕是一張相片、一組茶杯、一些擺飾。這是一種尊重，也是幫助屋主們找回自我的方式，因為這些心愛的物品會有療癒的能量，看了就會讓心情變好。

很多人會說：「我家已經都快放不下了！哪來的心情擺飾？」其實放不下的是你的心，通常只要剔除雜物，空間就能留給最心愛的寶貝。

這個案例是不少台灣家庭的典型。這位媽媽很苦惱，明明有準備小孩房，已經中年級的孩子卻不肯到樓上睡覺。於是，小孩房堆滿雜物，頂樓的空間更是完全被紙箱和雜物塞爆，自己和先生對家事的定義不同，讓她非常無力。

我教她面對雜物，大膽清除所有讓她困擾的東西，一箱一箱一個一個篩選。我們清除大量不需要的東西，甚至幫他在筆記本裡找到超多紅包，在不起眼小鐵盒找到失蹤已久的金戒指，在一堆奇怪的飾品裡找到玉和水晶。還在亂七八糟的衣服堆裡找到一個零錢包，打開一看竟是一整捆的千元大鈔，總共三萬元整，好像在挖寶一樣。

後來，小孩房也終於清出了空間。我幫媽媽把所有放在抽屜裡不見天日的「鬼澤」收藏陳列出來，媽媽非常感動，盯著它們看了好久好久。孩子的作品挑選精英展示出來，也像櫥窗一樣，讓人流連忘返。

改變開始

小孩房整理出來後，孩子竟然主動告訴媽媽，他想要搬進去自己睡了，媽媽非常感動。而且神奇的是，連爸爸也開始主動整理鞋櫃和其他區域，整理癖好像有傳染力一樣。

重頭戲是主臥室的玻璃櫃，這裡本來收納孩子部分的玩具，看起來很雜

Before

After

亂。當孩子的玩具拿到小孩房集中之後，看到媽媽和孩子都有展示空間的爸爸，突然開口跟我說：「我也想要展示我的紀念品！」對物品很執著的爸爸來說，這是很大的突破。於是，爸爸也拿出整箱他在日本遊學的紀念品，還有和媽媽談戀愛時的定情物等等。

透過我的介入，這些物品成了最耀眼的展示品。原本氣氛有點僵的夫妻，看著漂亮的展示櫃，開始討論他們以前去了哪裡，氣氛也回到當時相愛時的記憶，這一幕讓我心暖暖的。最後，客廳的酒櫃和窗台上，擺放了媽媽在各個角落找出來的小東西，幫客廳做了最棒的陳列。

「唯有受到重視，物品的存在才有意義」，因為只有在乎的人能賦予它生命。

給親愛的你

乾淨的家，會有好事發生！親愛的，或許生活的現實會讓我們對選擇質疑，但是，我教給你的不只有收納技巧，還有讓你們一家人找回對家的渴望。當你重視你的居家環境，珍惜你喜愛的物品，環境就能給你舒服的能量，讓家找回最原始的初衷。

2 傾聽，不要過度干涉

「明明這麼努力了，為什麼家人還是感受不到？」這位把所有責任都往自己身上攬的媽媽向我抱怨，她累死了自己卻還得不到感激。

這個家乍看不亂，但是住在裡面的人總是存在一種急躁、焦慮的氛圍。我認真觀察每位家人，忙碌工作來來去去的爸爸，辛苦卻有完美主義的媽媽，很聰明但過動的國中哥哥，以及藝術家一般的妹妹。

整個家看起來沒有太大的問題，但完美主義的媽媽總是覺得家裡很亂，總是覺得老公不配合，家裡的孩子怎樣都講不聽，最後，把什麼事情都攬在自己身上，家裡依舊整理得不好，和家人的互動一直處於緊張狀態。

我告訴媽媽，你的標準太高了，其他家人達不到你的要求！加上你對他們的方式就是一直提醒、一直唸，久了，他們反而更反感，為了不收而不收。爸爸的東西總是隨意擺放，餐桌上擺滿雜物，哥哥的房間積了滿滿的灰塵，最小的妹妹總是鎖門不讓媽媽進房間。要解決這個問題，方式不是一直要求他們跟你一樣，而是降低自己的標準，跟他們一起進步。

對家人而言，很顯然的，媽媽的期望是他們最大的壓力來源。因為媽媽把自己塑造得太重要，老公、孩子就像頭上掛了大餅的孩子，媽媽害怕他們忘了轉過來吃就會餓死。

改變開始

調整這個家的方法其實非常容易。當我教媽媽整理好每一個公共區域以後，接著就告訴媽媽：「待會不管我教家裡哪個人收納，無論他們怎麼做，丟出什麼，你都不要參與，也不要有任何意見，不要跟他們說話。」

神奇的事情發生了，一向念舊、捨不得丟東西的爸爸，當我承諾爸爸，給他一個屬於自己的空間之後，那間雜亂不堪、無法走進去的儲藏室，便打造成漂亮的書房。至於爸爸遺落在每個房間的東西，也有了正確的歸宿，再也不亂了。而且，家裡的貓還立刻跑進書房，用滿意的喵聲喵語告訴我們：「這是本喵有生以來第一次走進來。」

國三的過動的哥哥總是讓媽媽很頭痛，但他其實心地善良，而且非常聰明。我告訴媽媽：「青少年是一種奇妙的生物，你越要他怎樣，他越忤逆你。而且，他們不聽家人的話，比較聽外人的話，所以讓我來就好！」

「都快要考試了，你每天都打電動，打太久了！」媽媽非常無奈的唸著。

當我要教哥哥收納房間的時候，哥哥還在打電動，媽媽忍不住又開始唸。很顯然的，哥哥開始不耐煩，把媽媽的話當成耳邊風。我請媽媽不要再唸，讓我來。

「你先打沒關係，等你這場打贏後，再來找我。」我告訴哥哥。

哥哥突然覺得很奇怪，通常都是家人一直唸他，老師怎麼會鼓勵他打電動？他一直用餘光看我在做什麼？但很神奇的是，每次都要打個半小時電動的他，在15分鐘後就打贏了那場比賽，主動跑來找我。然後，我進去哥哥的房間，環顧他所有的物品。此時，爸爸媽媽又直接開門進來跟我說明他的狀況，這舉動讓哥哥很不開心。

當然，我把爸爸媽媽請了出去，還告訴他們：「既然你都已經給他一個自己的空間了，請你們好好尊重他的個人隱私，不要隨意進出他們房間。」爸爸媽媽聽了突然覺得愧疚，立刻出去反省。

「希望有一個怎麼樣的房間？」接著，我問哥哥

「我想要有一個可以認真讀書的房間。」他說。

「好！那開始丟吧！」

一直怕媽媽會管他丟東西的哥哥，聽到我一聲令下，好像被打開按鈕，開始很豪邁的狂丟東西，只留下自己要的，很開心。

「哥哥！這不是你小時候最喜歡的繪本嗎？為什麼要丟？」

「哥哥……這是你以前的作品耶？你確定要丟嗎？」

當我們把大量不需要的物品丟出房門，站在門口的爸爸媽媽看傻了眼，開始干涉。本來終於能自己作主，丟得很開心的哥哥，一瞬間不知所措，立刻又板起了臉。

「如果你希望他自主，希望他學會斷捨離，就不要干涉所有他清出來的東西，給他自己決定的權利。」我對爸爸媽媽說。

Before

After

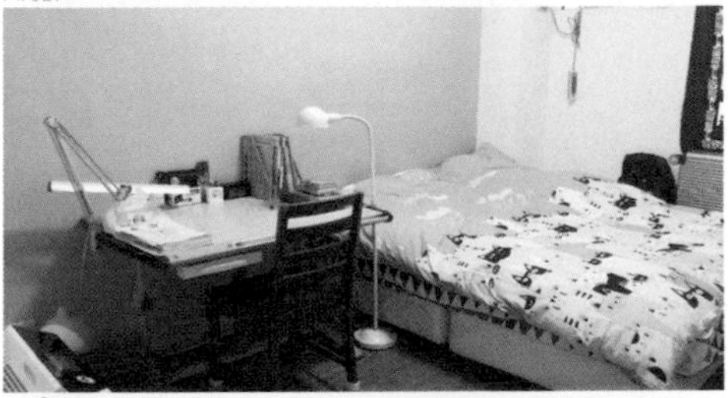

Before

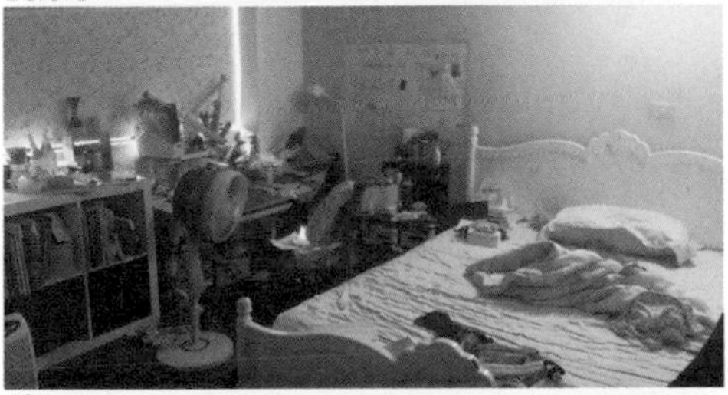

After

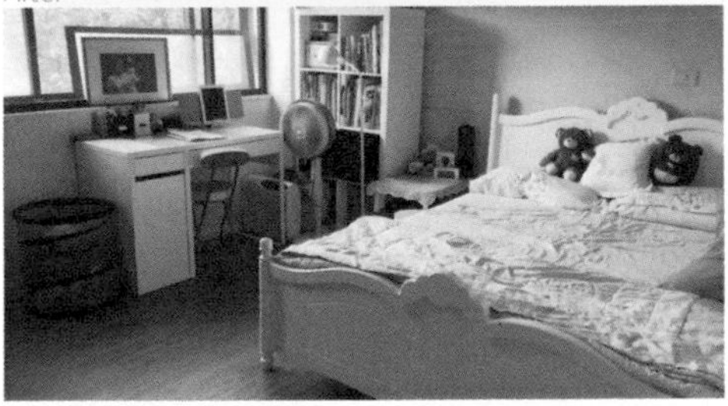

接著，我在哥哥的房間找到藏在角落的小提琴，以及沾滿灰塵的琴譜。我把小提琴放好，再把琴譜擦乾淨。

「現在我房間變好了，我以後還想要拉琴！」哥哥很激動告訴我。

此時媽媽也有點愧咎，每天和孩子朝夕相處的她，竟然不知道哥哥還想再拉琴的事情。不過我告訴媽媽，經過這次的斷捨離，一定能更拉近大家的心。而且我也知道，這個美好的房間一定能幫哥哥圓夢。

最棘手的是妹妹的房間，藝術型的妹妹，把書桌弄得亂七八糟，因為怕媽媽唸，故意把東西都藏起來。久了，各種食物不是發霉、腐爛，就是逐漸發酵。更可怕的是，我們發現了滿滿的蛆，拿抹布擦掉蛆的時候，還還聽見「嗶嗶啪啪」的死亡哀嚎，那詭異聲一直在我耳邊迴盪。

一直以來媽媽都覺得妹妹不肯丟東西，但其實不是！因為我教妹妹怎麼取捨之後，她彷彿得到救贖一般，把藏起來的雜物瘋狂丟出來，丟了整整4大袋的垃圾。每一樣物品，每一個東西的收納，我都教妹妹好好整理，從此她開始愛上乾淨的房間。

最後，是媽媽的房間。一直以來，家裡看起來不亂，但其實只是表面的整齊，裡面需要更有秩序的整理，只有外面的整齊是不夠的。

「我以前很喜歡弄這些，後來忙家裡都沒辦法再做了。」當我挖出一大堆藏在櫃子深處的毛線時，媽媽也表達出他的興趣了。接著，我利用抽屜櫃收納所有媽媽的毛線，放在鏡子後方，她有空、一想到，就能推出來繼續自己的手作興趣。

每個家庭、每位媽都是這樣，總是希望孩子獨立，卻又老是干涉他的決定。特別是家中有青少年的時候，他們總是會很敷衍地回你「隨便都可以！我不知道」等等的話，讓人感覺很困擾。但他們其實不是不說，而是當他們跟你表達意見的時候，你可能太快否定他了，導致他再也不想對你敞開心房。

和青少年溝通遇到困境時，我建議可以聊聊他們有興趣的事物。像是當我看見哥哥書架上的《三國志》時，便跟他聊起來，那時我發現他滔滔不絕，眼睛裡閃還著光芒呢！

給親愛的你

家的樣子，就是心裡的反射。親愛的媽媽，你太認真了！犧牲自己，把自己完全奉獻在這個家。但是請你認真想一想，你出去玩不在家的時候，家人不也活得很好嗎？所以，請學著懶惰一點，也放過自己。持家其實很簡單，你只要做你自己就好，把家人的責任還給他們，把時間還給你。家裡的環境維持是全家人的事，不是你的事喔！

後記

整理後，收納的魔力在家人之間開始發酵。媽媽把重心拉回到自己身上，勾毛線做出很多可愛的作品，也重拾運動的習慣，開始做瑜伽，每天跑步練馬拉松，後來還和爸爸一起去日本參加馬拉松比賽。出國的媽媽又開始擔心兩個孩子把家裡搞得一團亂，一周後帶著忐忑的心回家，映入眼簾的是維持得很好的環境，妹妹甚至還把被子鋪得整整齊齊，讓媽媽感動得說不出話來。

3 我家的環境教育

大多數的人為了讓孩子有空間可以玩，會犧牲客廳空間、主臥空間，讓它變成孩子的遊戲室。或是，家裡有各式圍欄、巧拼、遊戲墊等五顏六色、看似很方便的東西。可是，當你不再需要時，這些過度時期的東西都會是最占空間、最難收納的物品。

我遇過好多媽媽抱怨「生了孩子之後家裡什麼都變了；怕孩子亂動，化妝台不能使用了；要騰出空間客廳不能放茶几了；床邊永遠堆滿孩子的玩具……」親愛的，這是因為妳選擇了犧牲空間，但其實你可以選擇不犧牲！

很多看過我家的人會很驚訝，「怎麼一點都不像有幼兒的家？」而且我家看起來好像沒有幼兒的東西。我必須承認，我家沒有任何幼兒的防撞措施！連唯一的圍欄都是拿來圍在房間外，擋貓貓狗狗不要進入房間的。我認為，與其刻意把家包裝成安全的狀態，時時刻刻提心吊膽，不如直接讓孩子知道什麼是危險。

我們可以從小就讓孩子了解家裡的原始樣貌，家並不會因為孩子的出生，就改變什麼。客廳就是原本的客廳，房間就是房間。至於後來增加的孩子的東西，就規劃出一個小小的收納區，教孩子把自己的少少的玩具和書收好。

我們家是木地板，孩子會爬的時候，也沒有用巧拼，就直接讓他在地上爬、讓他的小手小腳感受到地板的觸感和硬度。我家也沒有桌腳防撞，因為孩子會拔掉，那就乾脆讓桌子呈現本來的樣子。若孩子不小心撞一次兩次，哭了我們就提醒他「這個危險」，孩子下次經過時就會特別小心注意。我家也沒有遊戲墊，因為墊子難清難收納，所以我只在床邊放一個瑜伽墊，孩子滾下來不用怕，我平常做瑜伽也能繼續延用。

我曾經問過保母：「小朋友越不能動的東西越愛亂動怎麼辦？」保母教我的方法就是：「教孩子正確使用！危險的東西就告訴他為什麼危險。」

我本來很害怕孩子亂動家裡的玻璃製品，還有我床頭的精油蠟燭，但是我教他，「這是玻璃要輕輕的放回去」，讓他拿、讓他學習「這個材質很容易打破，所以要小心、要輕輕的」。久了，孩子看到這樣的材質自然會提高注意。所以家中的紅酒光明正大的放在紅酒櫃上，孩子經過知道那是玻璃，要輕輕的，也不會去玩。至於蠟燭的部分，我則是拿打火機點燃蠟燭，把孩子的小手放在火焰上方，當熱氣燻到他的小手時，他嚇得把手縮回來喊「燙燙！」所以馬上知道打火機和蠟燭很燙，不要摸。

還有，小朋友最愛亂拿剪刀，我也告訴他這個危險，然後拿剪刀的前端輕輕刺他的小手小腳。因為會痛他馬上知道，這個危險「不要！」我們家的抽屜也沒有防護扣，東西都收在裡面，即使裡面有剪刀，孩子也不會拿。

我本來也很害怕孩子去玩貓砂，後來想想再怎麼阻止也沒用，乾脆直接教他怎麼清理貓砂，清完再帶他去洗手。突然覺得，比起無止盡躲躲藏藏和瘋狂嚇阻，不如就讓他直接接觸，順便學習怎麼保護自己。

這也證實了一件事，人都是好奇的，就像寓言故事裡的神秘房間；所有的房間都可以開，唯獨最後一間不能開；越是不能開，越讓人想一探究竟。小朋友處於探索階段，若過度保護和隱藏，就會讓孩子更好奇、更想嘗試。一旦家長疏忽、沒有注意，就更容易引發大危險。

所以，就讓孩子看看家的原貌吧！讓他知道什麼可以，什麼不可以；不可以的告訴他「為什麼」。一旦所有的東西都能讓孩子自由拿取，他反而不會隨便亂動了。

當然，給孩子安全的空間、安全的設施是很棒。只是，若你選擇了犧牲，就不應該抱怨。最好的方法應該是找尋理想的平衡點，以下是我提供的另一個思考方式。

這是我們共同的家，我和先生是最先住進來的，再來是貓貓狗狗們，至於孩子是後來出生的。依據一起生活的原則，不是我們要犧牲配合孩子，而是孩子要學會要融入我們的原生生活，習慣家的原貌，習慣貓貓狗狗們，習慣我們的一切。

我希望能有好的居住品質，我們夫妻保有自己的空間，孩子也能不受限的一起生活。孩子，家長不該過度保護，因為我們希望他能在跌跌撞撞中學會自己保護自己。

減法生活小學堂2

Q：到底要怎麼讓小孩自己收玩具？

A：玩具要少到孩子可以收拾的量！

現在的父母生得少，給得多，久了孩子覺得買玩具理所當然；但若要他收拾玩具還要用利益交換，或是言語威嚇才叫得動，卻忘了最重要的一件事，這是「孩子的」玩具，不是「父母的」玩具。

孩子的玩具為什麼父母要幫忙收？孩子的東西沒收好、不見了，為什麼是找父母要？很多人抱怨自己原生家庭的父母不

會收納，導致自己的家也一樣亂。其實你就是新的原生家庭，從現在開始，從自己出發，教導孩子收納、整理，將來就能影響下一代。

我的孩子從11個月大開始，對顏色和聲音感興趣的時候，我就利用「咚咚咚」的指令聲，讓他不知不覺學會自己收好玩具，再加上他的玩具非常非常少，只有一個紙箱的量而已，所以也練就了收納的好習慣。父母要從小就灌輸孩子一個觀念：玩具是你的，自己的玩具自己收，不是父母的責任。也就是說，與其父母收到累死，不如教他怎麼收。

通常，我習慣把一部分的玩具收起來，一次只給孩子玩一點點。有效控制拿取的玩具數量，就不怕一次玩太多收不回去，孩子也可以更專心、更有耐心玩玩具，並用那一點點玩具，發揮更大創意，同時獎勵他。到了下星期，再把玩具交換做輪替。

對孩子來說，每次都有新鮮感，每個玩具都很棒。等他長到2歲、3歲時，玩具也能更輕鬆收好、收回去。

丟錯長輩一根湯匙，等於丟掉他所有東西！

雖然我是收納專家，但基於尊重，若在我家人沒有同意的情況下，我也不會擅自處理老家的任何東西。這時代的長輩大多出生在戰後嬰兒潮、物資匱乏，家中兄弟姊妹眾多，對於物品也都非常珍惜。整理還有一個根本是「尊重」，試著去理解長輩的成長背景，可以避免很多傷感情的紛爭。

1 方便，卻讓生活品質更不便

我的座右銘是「乾淨的家，會有好事發生」，當一個家乾淨、整齊、有條理了，所有煩雜惱人的關係都會跟著豁然開朗，這比任何風水化解，算命、改運都還神奇！

這個家是非常大的透天厝，占地很廣，但是媽媽不喜歡丟東西之外，還很愛撿東西回家，整個家幾乎被雜物占據。家，變得非常可怕！

其實，嫁出去的女兒可以不管的，但是她老和弟弟老是為了家裡髒亂跟媽媽吵架，爸爸更是幾乎只坐在後院，不願進來髒亂的家。看著父母關係幾乎決裂、不對話，女兒實在很擔心，特地挑了假日南下回台中，幫媽媽一起收納、整理家裡。

我們一起坐在餐桌吃飯的時候，女兒坐在爸媽的中間，不對話的夫妻把女兒當成傳聲筒。

「佩佩啊……跟你媽說，家裡都她撿回來的東西真的很雜亂。」爸爸說。

「佩佩啊……跟你爸說，不要花那麼多錢買藝術品。」媽媽說。

女兒夾在中間變成傳聲筒，非常尷尬，我們好像活在不同時空一樣。

她家的客廳不像客廳，廚房不像廚房，因為整個空間環境被媽媽撿回來的各種櫃子拼湊、占滿，加上雜物很多，不少空間幾乎沒有辦法使用。

走進廚房，映入眼簾的是滿滿的雜物，到處都是隨意放置的酵素，我們甚至在櫥櫃裡發現媽媽的衣服和內衣褲！原因是「浴室就在旁邊，衣服放櫥櫃洗澡比較方便」，但這都是不對的。

改變開始

我們先從大方向的動線和櫃子定位開始著手。我發現客廳明明有很多漂亮的藝術品，但卻埋沒在雜物堆中。我把藝術品統一集中在一個地方，再把本來亂放在客廳的化妝台和縫紉車，拿到樓上和閒置的玻璃櫃交換，讓櫃子可以展示美麗的藝術品。我們丟棄了廚房不需要的綠色化妝桌，還把同屬性的櫃子放在一起讓調性統一，視線看起來更柔和。

媽媽一開始愛找藉口保留物品，女兒很生氣一直想拆穿她。但我私底下教導女兒表示「不能急，因為媽媽很可能會為了反對而反對硬留下物品，或是整個惱羞成怒，放棄整理。」所以，應該更勤勞的集中物品，讓媽媽在同類型的物品裡抉擇她比較想要的東西。很快的，我傳授的方法起了作用，媽媽可以很快的選出她要的東西，並抉擇將其他同類型的捐贈掉或送人。同時，我們也更努力鼓勵媽媽，讓她漸漸了解「丟東西不難」。

Before

After

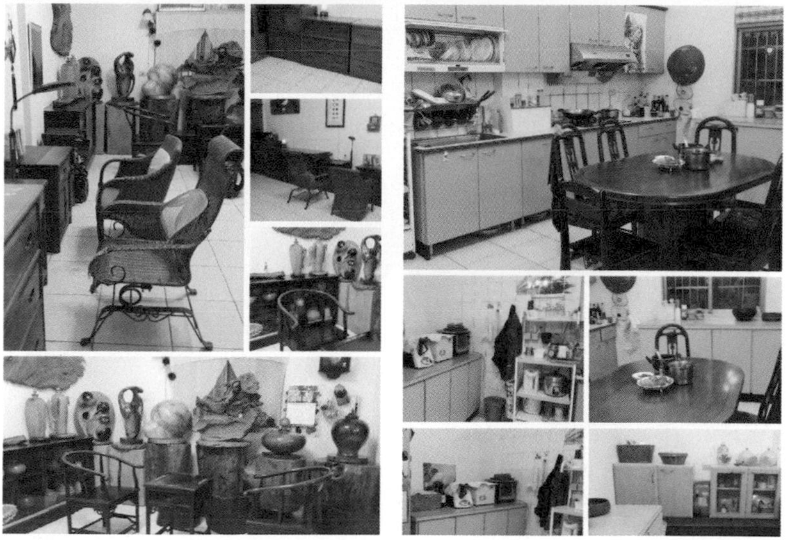

我告訴媽媽「收好」跟「收納」之間的不同。「收好」只是放著，但真的要找是沒有頭緒的。「收納」則是依照自己的邏輯和頻率去推，東西在哪清清楚楚。之後，媽媽更在無形中學會我教的「聯想性收納法」，當我把東西放到她手上，她馬上說「啊！這要放在烘培類。」然後想都沒想，順勢打開櫃子放在第一格右邊。

整理好的家簡直換了一個容貌！本來亂七八糟的客廳像極了藝術品店，一直堆放在樓上的桌椅終於重見天日，溫潤的木頭質感讓人想坐在這好好喝杯茶。廚房更是煥然一新，所有物品收納得很整齊，終於能看見美麗的綠色廚櫃。看著媽媽和女兒一起在廚房料理的背影，覺得好窩心。

最神奇的是，一直待在後院不苟言笑的爸爸，在女兒熱情邀約下，看見整齊的廚房客廳，竟然發自內心滿足的笑了。相敬如「冰」的夫妻在那天一起到餐廳用餐了，這是很棒的轉變。

給親愛的你

我知道，你們一直以來為了不對話的爸媽苦惱很久。其實環境反映心靈，空間無形中也是一種對話，媽媽利用各種雜物占據家裡，爸爸退到無路只好一直坐在庭院不進來。如今媽媽願意清理這些物品，一起分享美好的空間，真的很讓人高興。現在，清爽的空間自然能帶來好心情，爸爸的藝術品更是耀眼奪目。

2 捨不得，竟讓家裡寸步難行

「住在這個家有10年了，大約有7年的時間，都不敢讓客人來家裡……」媽媽說，他也有想過動手整理，但面對龐大的雜物，完全力不從心。

這個家不大，是間舊公寓，格局不太好，但是裡面住了一家五口，爸爸、媽媽、奶奶，還有小四的哥哥和大班的妹妹。由於媽媽非常不會收納，加上夫妻工作繁忙，大多數的時間，都是在家裡的奶奶在收拾。老人家的整理稱不上收納，而是高超的「技巧性的堆疊」，整個家能使用的空間，幾乎全部都堆滿了。

當然，一走進門，大門就無法全部開啟。玄關堆積大量雜物，客廳、餐廳、書房滿滿的雜物，完全沒有地面可言！看得到的所有地方都被物品填滿。即使買了收納箱，買了收納櫃，物品一樣蔓延。

我分析的結果是，這個家本末倒置，可以用的櫃子全堆滿雜物，裡面的東西繼續放到外面，最後公共空間也完全瓦解。

改變開始

收納的最先步驟是「集中處理」。但我必須承認，這個家是我第一個猶豫要從哪開始下手的，因為這個家「完全沒有空著的空間」可以集中物品。而且很有趣的是，當我們整理到一個段落時，出現一段對話。

Before

After

「請給我掃把，我順便把這裡灰塵掃一掃。」我對媽媽說。

「呃……因為家裡從來沒有露出過地面，不用掃地，所以沒有掃把……」媽媽回答得很尷尬。

接著，我們一起笑歪了腰。但不可否認的是，經過收納完後的空間截然不同，好久不見的地面終於露出來了。

「這次真的要買掃把了！」我對媽媽說。

有了乾淨的玄關，媽媽一回到家可以好好透透氣。不再堆滿雜物的沙發，放上了按摩器材，奶奶可以在這邊按摩邊看連續劇。還有，本來在雜物堆裡的妹妹的書桌，則移到電視櫃旁，妹妹好高興！一直把玩我幫他展示在上面的黏土作品。接著，和室終於有了大空間可以玩玩具、組裝樂高，哥哥的書桌也搬到這裡，能夠有自己念書的空間了！原本沙發後方的位置，則重新安置了爸爸的電腦，爸爸下班後可以在這上網、放鬆一下。這才是真正家的樣子！

給親愛的你

親愛的，不要捨不得。捨不得，會讓你家變得寸步難行。找不到東西，人就無法放鬆，家人也就因你的捨不得，導致失去自己的空間。家裡的所有困擾，都是因為你捨不得造成的，當你真正面對它們，好好想想你真正希望的「家的樣子」，然後丟棄這些捨不得的雜物，「憧憬的家」就能完整呈現在你眼前。

3 長輩喜歡囤積，該怎麼辦？

這是常見的問題，我列出以下幾個方式，大家可以參考、執行看看。

一．尊重長輩，從自己做起

很多時候我們總是怪東怪西，看別人的物品不順眼。怪長輩不整理、不聽勸告，但是，請你回頭看看你自己，你真的有資格批評他們嗎？你真的已經把自己的部分完全整理好了嗎？我的建議是，要別人改變之前，請好好檢視自己的收納整理是否已經確實完成？是否真的有能力說服家人？

我遇過很多例子，例如女兒無法丟爸爸的物品，所以先從自己的房間開始整理。說的也奇怪，當她開始整理自己的房間，不再逼迫爸爸丟東西，一直很固執的爸爸，竟然開始動手整理客廳的東西，這就是整理的影響力。在要求別人之前，先把自己的部分做好，就有更多的影響力和說服力，就能改變家人的思維和行動。

二．不要干涉，不要假好心，累死自己

曾經遇過一個案例，婆婆住在挑高的大豪宅裡，屋裡還有座氣派旋轉樓梯，感覺道明寺隨時會走下來的樣子。但是住在那種奢華豪宅裡的婆婆，太愛囤積物品，不但讓豪宅變「好窄」，連霸氣的旋轉樓梯也堆積各種雜物，滿到會擋住道明寺出場的那種誇張程度。後來，媳婦和兒子真的看不下去，趁著媽媽出門旅遊三天，特地請假回家清理房子，做到腰都伸不直，累到爆炸的境界，也丟掉好多東西，終於清出乾淨的空間。本來以為婆婆回來發現房子變乾淨了，會感動得大叫「好驚喜！」殊不知婆婆大怒！一回家，發現東西在沒有經過同意的情況下被動過甚至被丟掉，氣得破口大罵。媳婦和兒子好心被雷劈，委屈只能往肚子裡吞。所以，如果沒有獲得長輩同意，請不要擅自作主幫忙整理，否則通常不會有好結果。

三．等到長輩開口，再適時給予幫助

長輩其實很好面子，如果直接了當跟他們說「家裡很亂要幫忙清」，或是說「要採購

收納品」，長輩通常會拒絕。其實最好的方法是聲東擊西，如果你是媳婦，可以在跟小姑聊天的時候，推薦她你覺得不錯的整理方法，或是很棒的收納品。同樣的建議，小姑去建議跟你的效果一定有很大的不同。或者是做給他們看，但不要幫忙，也許有一天，長輩會有興趣跑來問你到底是怎麼收納整理的，也不一定呢！

四．可以幫忙集中，但決定權在於他們

收納的第一個步驟是「集中處理」，若真的需要幫忙，你可以幫忙把長輩那些相同、重複的東西找出來、擺在一起。一定要讓他們知道，那些遺忘的，重複買的，放到忘記的物品有多少！然後，讓他們從中選擇最喜歡、最需要的，但千萬不要幫他們丟。很多時候，你以為丟掉的是不重要的東西，但萬一那個剛好是長輩記憶深刻的物品，就很可能發生「丟掉一根彎掉的湯匙，等於丟掉她所有物品」的窘境，以後長輩找不到東西都說「是你丟的」，變成千苦罪人也太悲慘了。

五．善意的謊言

善意的謊言是我覺得最好用的方式，只要能讓當事者心甘情願交出囤積的物品，無論用什麼說法，就是最好的辦法。而且，物品一但到你手上，你就能全權處理了。

曾經遇過一對夫妻，他們對於家裡一台婆婆放了15年、全新的瓦斯爐一籌莫展。婆婆用不到，但覺得是新的又不肯丟。我告訴他們的一個好辦法是：某天兒子回家告訴媽媽，公司最近有舉辦一個活動，可以帶東西去換錢，然後兒子終於把15年的新瓦斯爐帶離家門了，過幾天再給媽媽2,000元。從那一刻起，愛囤物的媽媽三不五時就開始清家裡的東西，問兒子「公司最近還有活動嗎？」

還有一個媽媽喜歡收集綁湯麵的紅色束繩，女兒覺得非常多餘，留下五條，其全部丟棄。媽媽發現的時候大發雷霆，女兒覺得非常無辜，問我如果我是她，會怎麼做？我會說：「媽媽，前面有一家麵店老闆在徵求回收再利用這個紅色束繩，我幫你拿去，環保以外還可以幫助老闆。」然後，就能輕鬆拿到那些東西。

教導長輩做收納、整理，有時候並不是爭吵就能贏，也不是直接幫他們處理就能解決囤積問題，而是要善用方法，讓他們也能輕鬆配合。

減法生活小學堂3

Q：有最適合的整理時機嗎？

A：當一個人突然願意改變環境的時候，一定有什麼更重要的東西改變了他的價值觀。

舉個例，有的人是失戀想要轉換心情；有的人是生病想要可以靜養的空間；有的人是被雜物絆倒，覺得這樣住下去可能會有生命危險。

我老家的整理時機，則在「孫子」身上。「孫子」這招對兩老超管用！我的寶寶正值會爬行的年紀，每次回娘家沒有地方爬，到處都是雜物、很危險！連睡覺的地方都很狹小。

一直堅持維持家中原狀的爸媽，看到他們小孫子這麼可憐，無處可爬行和睡覺，突然下定決心要接受我的收納教學。兩老學得很快也有成效，他們丟出了大量不適合，穿不下的衣服，還有滿滿12袋的雜物，還給和室乾淨的空間。這時，他們也真正知道，留著不穿的衣服只是浪費空間，不如把空間留給最愛的小孫子爬行。

或許你還在和家中的「堆疊高手」僵持不下，記住！請不要急於一時，當時機出現，才是最有利的進攻機會。

你想要
什麼樣的生活？

謝謝原生家庭、謝謝前任，也謝謝你自己，同時丟棄那些不適合你的人事物。寬恕他們，也善待自己，別害怕放手後會什麼都沒有，現在你已經長大了，你已經自由了，你要做的，就是擁有一個乾淨的環境，過更幸福的生活。

1 用整理，丟掉會複製的人生

我的工作會接觸一個個不一樣的家庭，看見的是社會的縮影。很多時候，「階級複製」的例子不斷在眼前上演。簡單的說，你的父母在什麼樣的環境，耳濡目染下，你無法跳脫這個舊有的框架，未來可能會和父母走上一樣的路。甚至，有些人的童年陰影，會導致未來在選擇另一半的時候，沒有做太多考慮，最後再次重複上一代失敗的婚姻。

Before

After

來說說這個年輕媽媽的故事。她說她有個「0分的爸爸」；在她高中的時候，爸爸沉迷網路遊戲，加上爸爸懷疑媽媽，便和管理員起衝突，光家暴等其他官司就不知道有幾次。後來爸媽終於離婚了，爸爸搬出去住，媽媽一天做兩份工作努力撐起家計，最後卻突然發現得了癌症，努力化療兩年後還是走了。前陣子，她接到警方的通知說，離婚後再也沒有聯絡的爸爸，在家中猝死。一瞬間所有的大人都走了，她和姊姊、弟弟應該要更團結的，但卻因為之前有些誤會，感情變得不好。

她曾經有過一段婚姻，但前夫不照顧孩子，對金錢也不控制，對家庭完全不負責任。離婚後自己帶著3歲的孩子，因為工作關係，孩子24小時幾乎都在保母家。後來，她有了新男友，男友很照顧她，卻因為男方家人不願意接受她是離婚，還是有小孩的女人，強力阻止他們繼續下去。男友提了分手，一瞬間她又什麼都沒有了，彷彿行屍走肉。

我在亂七八糟的客廳看見滿滿的玻璃碎片，玻璃門看起來用手被打穿了一個洞，本來以為是家暴的爸爸打的。

「分手後，我在家裡燒炭自殺，男友發現不對勁，跑來打破門，衝進來救我時弄的。」她眼神空洞的說。

改變開始

我常說：「當你人生最混亂的時候，就是整理最好的時機！」一無所有的她，突然看見自己戶頭裡有一筆男友為她存下的錢。她一直在想，如果想要用僅有的這筆錢來改變命運，到底該怎麼做才能發揮最大價值？很快的，她預約我教她整理收納，希望人生能重新來過。

我們一步一步來，丟棄了大量不需要的東西：爸爸法院提告文件；前夫的鞋子；媽媽癌症吃的健康食品……所有不好的回憶清除後，還原到最乾淨的家。除了整理她的房間，我還一併教姊姊和她男友整理他們房間。關係不好的姊妹，總是關著門的他們，像卸下心防一樣重新來過。媽媽生病後再也沒人使用、亂七八糟的廚房，整理過後終於能再次輕鬆下廚。

「媽媽……家裡好乾淨。」整理過後，3歲的孩子抱著她的大腿靦腆得稱讚說。

其實女孩並不是一無所有，當她看著孩子時笑得甜美的模樣，孩子就是她的全部。我看見疲憊的她笑得很開心。看看這張純真的臉孔，她一定可以為了孩子好好活下去。乾淨的環境可以帶來自癒的能量；為母則強，妳一定可以！

給親愛的你

親愛的，當你抱怨童年說，因為有0分的爸爸，導致長大後你只能找到20分的老公。其實你應該換個角度想，你需要的不是老公，而是讓自己變得更好、更堅強的力量；你要變身成為一位200分的媽媽。我們不能改變出身，也改寫不了過去，所以，請把那些錯誤的過去，當成是一種試煉。當你走出這樣的環境時，你的孩子就不會再重覆一樣的家庭悲劇。

後記

兩年後追蹤這個女孩，她跟當時的男友有圓滿的結局。再婚後生下可愛的寶寶，也有了穩定的工作。真的非常替她開心！

2 家乾淨了，工作就更帶勁了

屋主媽媽是一個非常厲害的超級保險業務員，也是個工作狂，常常埋首於工作。時間一轉眼過去，家裡的事情就永遠做不完，環境越變越亂，和老公的關係也相對緊張，常常大小吵架不斷。

即便她在工作上做得有聲有色，有事業女強人的形象、客戶的肯定、工作的成

Before

After

就等，但一回到家，面對雜亂的房子，無力感從四面八方襲來，毫無能力招架。雜亂的房子讓她沒有思緒做好任何一件事，伴隨的只有深深的煩躁和無力感……

我們整整約了快3年，時間一直搭不上！這次她懷孕8個多月，即將要生產的她，很希望能給寶寶一個好環境，更想要改變家的氣氛。所以，她鼓起勇氣向主管請3天假。工作狂的她很難得請假，主管也好奇問了她要做什麼？

「我請收納老師來教我整理房子。」她說。

主管覺得非常不可思議，為什麼需要特地請假找老師來教她整理房子？但是，好的居家環境就是生活的根本，所以主管準了她的假，也期待她放假回來之後，可以跟大家分享她整理家的心得。

Before

After

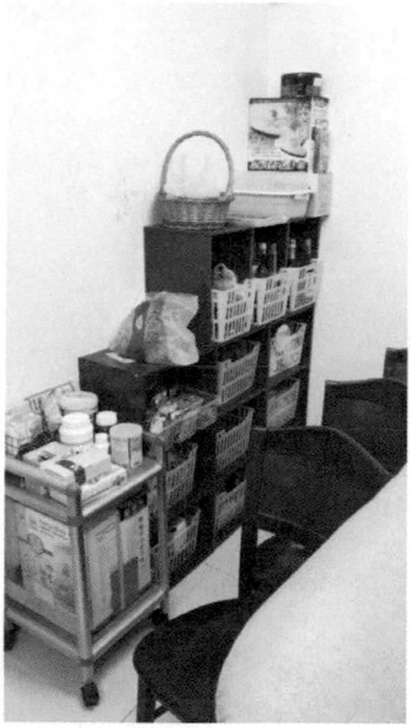

改變開始

因為時間有限，所以她請了3位很棒的朋友一起來幫忙。一進門，那些滿地的玩具，我重新規劃放到最後的房間去。客廳眾多三層櫃，我利用大創的書報籃，幫她打造成食物專區，更好拿更整齊。最重要的是，我教她重新整理辦公區，乾淨的桌面和整齊的文件讓她工作起來更有效率！而且，擺上歷屆得獎的獎座，讓她更有自信。

主臥室因為動線有問題，嬰兒床擋在中間，後方的櫃子不好開啟，我把所有的位置重新調整。媽媽也清除衣櫥裡大量別人送的、不適合甚至穿不下的衣服。整理完畢，整個房間的氣場完全不同，乾淨的地板和舒適的空間，讓孩子回家好興奮。

後面有一間跟廢墟一樣堆滿雜物的房間，雙人床上堆滿以前網拍賣的衣服和雜物。我告訴她「有平面，就容易堆積」，所以，大家把床板立起，然後重新調配空間。至於多餘的網拍衣服則送出和捐贈，只留下需要的。保險業常常要送禮等小東西，我將它規劃、收納在鐵架上，一目了然更好拿取，空間也更乾淨，媽媽好開心。

最後是的奇蹟是廚房，當雜亂的廚房變整齊，超會煮菜的爸爸化身成大廚，煮了一桌好菜給我們吃，大家一邊吃飯一邊聊天，本來緊繃的氣氛瞬間變得很和樂。

可愛的是，屋主媽媽不久後傳簡訊給我說，家裡乾淨整齊之後，運氣簡直完全不同！

原本常常吵架吵到快離婚的夫妻，突然變得像初戀一樣甜蜜。她回去上班後工作變得更有效率，得到了主管的大大讚賞。同時也在頒獎大會上分享自己收納的心路歷程和遇到的奇蹟，贏得滿堂彩！

給親愛的你

收納的美好，在於當你面對囤積的物品，就能看見自己和家人的關係、看見環境的問題。當你能放下，能徹底斷捨離，家和家人就會回饋給你，那個屬於你最幸福的能量！

3 最該重視的人，就在你身邊

教導失婚的她收納的第一天，她好像終於找到了一個懂她，能傾訴的對象。整整一天的時間，這位媽媽始終說著悲慘的人生故事，我只能靜靜聽著。和家暴的先生離婚，前夫有了新的婚姻和即將出生的孩子，但卻不停的打官司，要從她手中搶走他們唯一的女兒。這四年來，她心力交瘁，完全像個行屍走肉，累得不成人形。

「失婚不可怕，可怕的是在婚姻中失去自我。」這是我回答她的第一句話。

她的家就像她混亂的內心。所有的事情她都想做，也去做了，卻連一件都做不好！窮忙的結果，就像什麼都沒做一樣。同樣的情況也出現在家裡，房子裡什麼都有，卻找不到，只好重複購買，物品不是過期，就是再度遺失。

仔細推敲她的內心，其實是矛盾的。口中說「前夫再婚不在意，也可以祝福」，但卻一再抱怨他的種種。其實，她超級在意前夫，怨恨他為什麼要馬上再娶。好像間接讓她成為婚姻中的失敗者。

Before

After

改變開始

其實她要面對的，是情感上的斷捨離，怨恨，是改變不了任何事實的！說真的，前夫就像她從家中整理出來的雜物，如果不好好面對、馬上丟棄，它們就是像無賴一樣霸占著在乎的人的心，吞噬著家裡美好的空間。

舉個例來說。這個雜物可能曾經是你喜歡的東西，但它始終不適合你，即使你再怎麼想留下，它還是一再困擾著你。如同不適合的婚姻，你已經將它丟棄，就不必再去管它任何的下落；管它是進了回收場，還是下一個人手裡！

不需要的雜物就像前夫，離婚後前夫又有了自己的家庭，即使娶了10個太太也跟你沒關係。你不要的雜物可能會是別人的寶貝，何不也給雜物一個改變的機會，讓其他人好好珍惜？

「你應該好好愛自己，把心思放在你女兒身上。」我說。

她一聽到這句話，愣了一下，突然檢討起自己的內心。

「我甚至不知道這些年她是怎麼長大的。」她懊悔的說。因為她把重心放在前夫這些無意義的官司上，卻忽略了女兒，殊不知女兒才是妳擁有最寶貴的親情。

乾淨的家，會有好事發生。一個家沒有爸爸沒關係，媽媽也可以當孩子最棒的雙親，給孩子一個好的環境，也給自己寵愛自己的機會。

給親愛的你

親愛的，其實婚姻根本沒有誰輸誰贏。你該重視的，是重新出發，好好愛自己。看看你自己，你有爽朗的個性和極佳的人緣，你原本就應該多和孩子相處。還有一個重點，當你全心全意只想要做好一件事，並且努力去做，全宇宙都會幫助你。這是我一直謹記在心的至理名言，分享給你。

4 願意改變並多愛自己，大家才會愛你

我一直相信環境改變心靈。很多時候，夫妻之間的感情，親子之間的關係，還有對自己的自我期許，其實應該說是所有的一切，只要透過整理環境，就能找到改變的契機。

這是個「為家犧牲，忘了學會愛自己」的告白。

「有一天我突然發現，自以為很美滿的家變了。老公親口說『對我已經沒有愛了……』想到這裡還是會很難過。那時候整個人很破碎、徬徨無助，周遭的朋友幫我想辦法，幫我打氣，幫我罵老公，但我心裡就是有一塊大空洞，無法補滿，天天都像行屍走肉般活著。有時還會想，我要像《犀利人妻》裡的謝安真一樣加油，變好。我一定要讓自己振作起來，要快點改變現況，要整理好小孩的房間，讓夫妻有獨處的空間，還有改造自己不再黃臉婆，不然我的婚姻就真的完了……」

我是家的心理醫生，從這個家的環境我判斷出：「這是以小孩為主的家庭，爸爸長久以來被忽視！」

我看見了讓先生有理由情變的最大原因就是：從孩子出生後，媽媽的眼中只有孩子，曾經同床共枕的兩人，最後變成媽媽和孩子睡在一起，先生則自己睡在旁邊的單人床上。

曾經兩人無話不談，最後剩他一個人在隔壁房間孤單上網。

媽媽當然一樣很愛爸爸。但是，當男人漸漸感覺不到自己被需要，就會轉向其他需要他的人。而且媽媽從來沒有想過，以前爸爸說他「愛你的隨和，不過問的個性」，這點現在也是他不愛你的最大主因。

簡單一句：不愛了，是刺傷人最痛的那把利刃。

改變開始

事實已經成定局，我們無法改變什麼，唯一能改變的，是心態；唯有學會愛自己，才能改變這一切。幫忙整頓環境、清理衣櫃，丟掉很多媽媽少女時代的衣服，再帶她去一趟「思夢樂」徹底改頭換面一番，都是很簡單的事，重要的是：心理整理。

因為想得到更大的幸福，所以媽媽一直以來為家、為孩子犧牲了自己，卻沒有好好愛過自己。長期依賴著先生，覺得這樣就足夠了，一天過一天。當先生抽離了，瞬間失去生活重心，換到悲慘結局。可是，我覺得這正是教導女人怎麼學會「重新愛」的機會。唯有開始重視自己，別人才會正視你。

不要當個哀怨、若有似無的角色，做一個屬於自己的你。我教導她，不是針對先生的一切再去爭吵、難過，而是把焦點轉向自己，做一個愛自己的女人。即便不愛了，你仍有足夠的能量能走下去。

感情沒有絕對的對錯，但學會愛自己絕對不會錯。所有該做的我們都努力了，家裡環境改變了，能改善的你都盡力了。事情如果最後沒有辦法如願，我們沒有遺憾，一切盡人事聽天命。至少，妳能做一個更好的自己。

想活出什麼樣的自己，當下的意念，就決定你未來的方向。

給親愛的你

一年後聽到你離婚的消息，真心替你感到開心！只是你離婚，他卻還沒搬出這個家；因為你不知道離婚後孩子該怎麼辦，所以還讓老公還住在家裡。親愛的，不要同情他，他愛上別人想要保護她，是他夠偉大，我們祝福他。既然房子和孩子都是你的，就讓他去愛，這是他的選擇。只是，無論如何你都該請他離開這個家。

對我而言，離婚、分開不可怕，最可怕的是為了維持給小孩看，還死撐著和不愛的人虛偽的生活在一起。想一想，若你是孩子，有一天發現，每天回家的爸爸明明外面有女人很久了，但媽媽明明知道卻還是默默隱忍、要住在一起，然後這一切竟是「我們是為了你好」的欺騙，原來大家都在自己騙自己！

這樣子到底是哪裡好？不說真相是對孩子好嗎？這不也是一種感情勒索？離婚，是緣分已盡，是兩個大人的事情。若離婚還要牽扯到孩子的情感，最後傷得更重的還是你。背叛感情的是老公，所以你們選擇離婚；離婚是爸爸愛上別人了，所以媽媽自由了。可是，你沒有老公並不代表孩子沒有爸爸，差別是他不再是你老公，但他一樣是孩子的爸爸，這是永遠的責任。

他為愛離開失去家庭，是他的損失；你雖然失去老公的愛，卻得到自由，所以更可以愛自己、愛孩子。今天能勇敢離婚，努力活得更好不是為了讓他後悔，而是你要證明自己能做一個勇敢的媽媽，並把對他的付出都停止在離婚這一刻。請讓自己重新開始！我相信，未來會看見更好的你。

減法生活小學堂4

Q：如何迅速從穿搭改變自信？衣櫥應該要有什麼基本款嗎？

A：關於穿搭問題和衣櫃裡該有什麼基本款，有8大原則要特別注意。

1.簡約設計

請記得一件事，當你因為某個突出的特色買下一件衣服時，未來你很可能因為這個特色而嫌棄它。也許，它是今年最流行的澎澎袖，買下時你覺得非常可愛，但以後再度看見它，你會因為澎澎袖過時而討厭它。

2.不退流行

基本款式永遠長得大同小異，也許是簡單的白襯衫、牛仔褲，西裝外套和針織外套、風衣等很常見、普通的款式。但就是因為簡單，不退流行，能一穿再穿。

3.基本色系

黑色、深藍色、白色、灰米色，卡其色和軍綠色等基本色調，其實較為修飾也較耐看，搭配上只要稍微用一點點的裝飾和配件去點綴，就能顯得很不一樣。盡量不要挑選誇張顏色，還有漸層和金屬色等讓人有記憶點的顏色，就能在基本色系的搭配中擁有更多組合。

4.多重搭配

一件衣服若只能有一種搭配，那麼它和其他衣服就會顯得格格不入。最好的選擇方式是，一件衣服可以有其他3種不同穿法，例如襯衫可以單穿，可以打開來當外套，也可以外搭背心露出領子等組合，能創造更多不一樣搭配法的衣物才是好單品。

5.合身程度

若總是穿得鬆垮垮，給人感覺印象不佳，挑選「合身不貼身」的衣服，是選衣服的關鍵，可以適時修飾身材，卻又不會緊身到原型畢露，或是緊到無法動彈的衣服，穿著上隱惡揚善，修飾自己的缺點，展現自己的優點，這樣的合身衣服能讓自己看起來更有精神。

6.現在適合

也許過去的你是辣妹風，或是走可愛風，但是你得問問現在的自己「希望變成一個怎樣的人？想要打造什麼樣的形象？」若現在的你喜歡舒服自在的感覺，想要給人一種好親近的氛圍，可以挑選舒適的棉質和棉麻、簡約風格衣服。若現在的你喜歡浪漫風格，想要給人典雅有氣質的感覺，可以挑選有蕾絲，或是刺繡、緹花點綴的衣服，打造小女人的甜美風格。

7.材質質感

我曾經是專櫃小姐，對衣服的質感非常了解！若衣服的質料不佳，縫線歪斜，下擺脫線等等，都會給人扣分的關鍵印象。此外，衣服的材質也非常重要，選擇質料好一點的，能讓你看起來神采奕奕。

8.風格款式

流行會褪去，但風格永存！不要為了流行而買，而是看看衣櫥裡你最常穿的那20％到底是哪些衣服，什麼樣的衣服穿出去能讓你充滿自信？那20％就是你風格的來源。風格代表了你的喜好，你的最有把握的一切。好好利用這20%的衣服，你就能打造出最適合自己、獨一無二的風格。

◎穿搭改造後的自信

Chapter 6

拒絕空間勒索
訂製你的新人生

每個我服務過的家和屋主，對空間其實都存在渴望，只是心有餘而力不足。當我們的空間被物品占據，主從關係就開始逆轉，對空間的掌握就一點一滴消失，不停遷就環境之下，任由雜物蔓延。人是很容易習慣的生物，在麻木、失去生活品質之後，就好像暫住在雜物家的客人一樣。整理，就是改變環境和心態最快的途徑，只要你開始覺察內心對空間的嚮往時，改變的契機就在你手上。釐清人與物品的關係，你也可以透過整理，重新訂製你的人生。

人生整理術

或許很多人覺得，整理跟人生關係沒有關係，但其實是密不可分的。很多環境的雜亂，並不是表象的亂，而是內心和家人之間產生不愉快的行為反射。不愉快的點累積久了，變成囤物，變成堆積，變成各自固守各自的物品，進而轉化成「看對方生活習慣不順眼」，然後引發更大的爭執。

在我收納過的家裡面，遇到很多在「變質的原生家庭」下長大的屋主。像是，從小在重男輕女、在媽媽的怨恨中長大的女孩，在自己成為母親後，對自身、對家庭好像有一種無形的害怕。她們用過去家庭對他嚴厲的態度，繼續苛責自己，覺得自己的存在是一個錯誤，害怕自己的決定是錯誤，所以不知道怎麼收東西，也不敢丟東西，擔心害怕的心態最後演變為囤積行為。而且在囤積之後，又因為有了雜亂的家，更把自己拖入沒有自信的深淵裡。

親愛的，縱使上一代、上上一代的恩怨讓你有了不愉快的童年，但請不要忘記，你是新的原生家庭，你可以選擇讓悲劇終止在你這一代。給自己和孩子嶄新的人生，從環境整理開始就是最好的行動。

收納整理，是一門藝術。透過人與物的取捨抉擇，體悟出自己真正要的是什麼。我的人生整理課所教的，是先整理自己和所有人的關係，再著手整理環境。這樣做，你才會發現所有事情都跟著順利了。這個重點在於，在尊重別人的同時，同時也整理好了自己；在整理外在物品的同時，也一併整理了內心。

用新空間，打造全新人生

我曾遇見一個非常有骨氣的女孩，即便家裡經濟狀況不好，還在念大學的她，用半工半讀的方式存了好久的錢，終於存到可以做到府收納的金額，便請我到她家去。

「明明生活得這麼辛苦，為什麼這麼堅持要請我去？」我問。

「我想要學會收納之後，自己改變我的家。」她眼神堅定的告訴我。

這是個滿特別的案例。在她身上，我看見勇氣和堅決的信念，收下她一點一滴攢下來的學費，我用盡全力幫助她。

女孩小學的時候，發現爸爸和奶奶會家暴，毆打媽媽，她和妹妹從小看著媽媽被打卻無能為力。媽媽曾經試圖帶走姊妹倆，想搬出去，但卻被接回來。後來媽媽真的受不了虐待，放下她們離家出走了。媽媽曾經想想回來看看他們姊妹倆，但家人就是不願意。連最後媽媽生病住院，姊妹倆懇求讓她們母女見面，家人也不肯。

女孩只記得，媽媽從離家後就再也無法見面，最後一次見到，竟是在醫院，也是最後一面。那樣的記憶和痛，她永生難忘。

她跟妹妹和奶奶睡同一個房間，奶奶愛囤積物品，所有的衣服都不肯丟，滿到只有一條小路能走，兩邊堆疊、擠得滿是各種收納抽屜櫃和整理箱，他們幾乎被這些東西淹沒。因為丟東西被瘋狂的毆打，是她們的夢魘，所以有很長時間，她們不敢清理東西，但家裡已經被堆到幾乎滿出來。

她記得國中的時候，曾經因為不小心丟了國小課本，被瘋狂的家人往死裡打，打到站不起來，打到幾乎快成為殘廢，甚至半夜也會痛得無法翻身。每當她被家人毆打，在夏天，為了防止身上的傷痕被別人發現，就會穿著長袖去學校。

「沒關係！怎樣都會被打，那不如一次清一清，我們生活起來也比教舒服。」她說。

於是，我們開始著手處理已經不會再用到的東西，瘋狂的丟，把那些不再適合的物品清除，整整丟12袋黑色垃圾袋和毀損的櫃子、整理箱等，然後房間終於出現了乾淨的空間。

「大姑姑跟二姑姑會打我們，她們有很嚴重的控制狂行為，限制我們不能跟朋友出門，從小跟同學出門的次數，用五根手指頭數得出來。晚一點回家他們就會暴怒，我曾經被罰在大街上提水桶罰跪……」整理的過程，她說了很多家裡的事情……

「家人的個性有點扭曲，感情方面不順，工作上被陷害，所以對外人防備心很重，對自己家人也用錯誤的方式來保護。姑姑們也不會表達愛，都是用罵人的方式，聽久了我們對自己也很沒自信……」

「但姑姑們也很辛苦，算是為了維繫這個家，沒有嫁、放棄了，所以常常把恨出在我跟妹妹身上。這是上上代的教養方式，他們也在家暴中成長，惡性循環。」

「為什麼不去找寄養家庭，或是尋求社工協助？」我問。

「尋求社工並不會解決，他們畢竟是我愛的家人，無法透過逃避、遠離來解決感情不好的問題。我想做的是給他們幸福，畢竟，他們也是得不到愛才走到這步。」她說。

「我的家人就像電影《狩獵者：凜冬之戰》裡的冰皇后，他們不是不愛我跟妹妹，只是他們很偏激，加上過往的經驗導致現在的扭曲性格而已……」她繼續說著。

「我沒有能力可以改變他們！不過，可以給他們看我自己身上的改變，也許有天他們還是會被軟化……」

當我們把不要的東西清乾淨，地面終於露出了，她很開心。但此時，姑姑回家了看到了。在突然發飆的姑姑面前，以及一陣激烈的咒罵中，她拉著我快速逃出家中，停下來的時候我緊張得頻頻回頭望，她微笑跟我說「不要怕！」

「以前我只能默默挨打，但現在我長大了、變強壯了，可以保護好自己，也可以保護妹妹的，放心！」

改變，此刻就可以開始

我看著她堅強的微笑，聽了心很酸，很想哭。對於遭受到家庭暴力的孩子真的很心疼。她們很獨立，自己養活自己；她們很堅強，也很努力想要改變自己的命運。上一個世代的世界，有時不是下一代能處理的，可敬的是，女孩有勇氣捍衛自己的未來。

很多時候，有困難的人需要的不是同

Before

After

情，也不是物質或廉價的折扣，而是「尊重」和「平等對待」，甚至是奮勇脫離的勇氣。他們能冒著生命危險勇敢丟掉不要的東西，捍衛自己，希望有一天，讀到這個案例的你們，也可以用敢丟掉家暴的陰影，用愛和行動感化你的家人。

透過整理，釐清內心渴望

我教的收納，不只有收納。透過整理環境，我窺探人心。而且，我常常不經意的，開啟了雜亂房間背後的那些深層祕密。很多時候，我更像是拿我的收納技巧，交換他們的人生故事。

我遇見了一個很漂亮的女孩，她的長相酷似名模隋棠。女孩有高挑的身材和精緻的五官，夜晚，她總是一隻在燈紅酒綠世界裡穿梭的花蝴蝶；她也是酒店裡NO.1的紅牌小姐。褪下了長禮服和豔麗的妝容，低調穿著灰色背心和牛仔褲的她，素顏就恢復成年輕的女孩，說話的語氣裡還帶有一點點稚氣，讓人完全無法將夜晚的她聯想在一起。

在酒店的世界裡，沒有朋友、沒有姊妹，她像個興奮的小孩一樣期待我的到來。也許她的職業很容易被貼上標籤，但對我而言，各行各業都有辛苦的地方，她一定非常努力，才讓自己爬上第一名的寶座。

歡場上真真假假的故事聽多了，不是家庭窮困需要出來分擔家計，就是有夢想需要完成，所以走上了最快的途徑。但是女孩很不一樣，她熱愛自己的工作。在我教她收納的過程，她一邊拿著衣服做抉擇，一邊悠悠的分享她的故事。

「我很早就離家出來工作了，因為我媽媽恨我。」她說。

恨？這世界上怎麼可能會有媽媽恨自己的小孩？但聽完她的故事，我相信。

媽媽生下女孩之後，有重男輕女觀念的媽媽或許因為她不是男孩，也或許爸爸特別疼她，所以認為她瓜分了爸爸對媽媽的注意。加上媽媽患有精神病，於是在媽媽眼中，她就是一個眼中釘。

弟弟出生後，媽媽對女孩更是嫌棄。在她有記憶的童年裡，自己永遠被媽媽精神虐待，晚餐所有人的飯都添了，就只有她不能吃飯。爸爸越是為女孩表示不平，女孩私下就會被媽媽修理得更慘。長大後她亭亭玉立，媽媽會用指甲捏住她，把指甲刺進她的手臂裡，甚至用尖酸刻薄、難聽的話羞辱她。

不要懷疑！那不是後母，真的是她親生媽媽。後來，女孩逃出了那個家，不管有多想念爸爸和阿嬤，她都忍下來了。直到她進了酒店工作，在酒店裡找到了自己的一片天。

她用美麗的妝容遮蓋了自卑，用嗲嗲的聲音輕柔地撒嬌。她熱愛在這個紙醉金迷的世界，因為這裡有男人為她著迷，為她奉獻金錢禮物。她也特別喜歡成熟的男人，那紳士的男人對她的貼心，會讓她想起爸爸。也只有在酒店的世界裡，她才能感受到愛。但是這樣的愛，很空虛，很短暫。

「不懂酒店文化的人，都覺得酒店的生活有多棒、多好賺。其實，這裡就是男人在家被老婆糟蹋，就拿錢出來糟蹋其他女人的循環！說穿了，都是寂寞。」她說。

都是寂寞。

物品，能透析內心空洞

許多酒店小姐，用辛苦賺來的錢買進大量的名牌包來證明人生；證明自己不一樣，證明自己很有能力，希望他人能用羨慕的眼光掩飾自己卑微的內心，但是到了最後，卻死在物質慾望的坑洞裡。

整理好的衣櫥，女孩非常開心，滿意的微笑笑著。那微笑，才是真正對自己的證明。

可是親愛的，你缺乏的愛，不在那一整個櫃子的名牌包裡，也不在一整疊白花花鈔票或小費裡，更不在每個男人口口聲聲說的愛裡。愛在你心裡！就算媽媽不愛你，你也要好好愛自己。只有愛自己，別人看見你內心閃閃發光，進而愛上真正的你。歡場無真愛是大家都知道的道理，但你卻死守在這裡，等待有一天會有愛的救贖。

老前整理

你整理過親人的遺物嗎？能了解那種痛苦，會有多揪心。可是，我們卻從沒想過，自己的東西，有一天也會變成遺物！每當我陪著那些傷心的委託者整理親人的遺物，面對龐大囤積的物品，總是感慨……

如果能在活著的時候好好面對這些物品，是不是不用擔心重要的東西被隨意清掉？如果能在活著的時候好好整理這些物品，是不是就不會給家人帶來這麼大的痛苦？

想像一下有一天你離去，站在親友的身後，看著他們望著你的遺物束手無策，丟也不是，不丟也不是。看著他們拿著每一樣東西，揣摩你當時的心情，痛徹心扉哭泣。失去你，已經是最大的打擊，竟還要面對你的物品，再次摧殘內心。

如果可以，請你好好想像一下，當生命剩下最後一天，你最想做的事是什麼？

你想怎麼度過這最後的時光？或許就不會再有這麼多

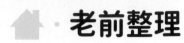

遺憾；或許就能正視自己，知道應該怎麼整理物品，整理接下來的人生。

如果可以，請你勇敢說愛！即便寫下來也好，有一天他們會看到。假如你害怕突然離去，沒有辦法把想說的話說完，請你務必在活著的時候，好好的，把想說的話說出來，把誤會解開，不要帶著遺憾離開。

隨時面對死亡，做好身心整理

我的第一個「老前整理」的對象，是我阿嬤，高齡87的她有一陣子腳受傷，突然覺得房間堆滿各式各樣的雜物，讓她行動更不便。一直以來捨不得丟東西的阿嬤，突然開口希望我教她整理，我真是受寵若驚，連姑姑們也都合力幫忙整理。

跟多數的老人一樣，阿嬤的櫃子是時光膠囊，有各種不可思議的物品。有放了半世紀的收據；姑姑年輕時的衣服，莫名其妙的東西等。重點是，那些藏到忘記的錢逐一找出來，但都已經是舊鈔了。

阿嬤的房間清掉多數不需要的雜物之後，變得乾淨、清爽，她人也很開心。不可思議的是，連心境都開闊了！阿嬤開始整理所有的一切，包含金錢、生活、人際，甚至事先準備好了自己的壽衣，還跟我們說：「我死了要穿自己選的，比較好看。」她把每一件事情都做了最好的交代，然後開始到處玩，在每個女兒家住上幾天，開始享受人生。

同時期，有一個住在附近的阿婆跟阿嬤訴苦。她說自己畢生省吃儉用，沒出過國玩，沒買過好東西，好不容易存到了500萬，覺得這是自己的錢，不甘心分給子女。但自己卻因為年老身體衰敗，身體關節全壞了，躺在床上無福享受。

她問我阿嬤怎麼辦？阿嬤的回答很有趣：「我會用500萬把全身關節都換成新的，就能出去玩！」阿婆傻眼，那可是她辛苦存下來的，怎麼能這樣浪費掉。最後阿婆的選擇是：在房間做了一扇防盜門，把自己跟500萬永遠關在一起。同樣都是老前整理，在阿嬤和阿婆之間，你們體會到了什麼？

如果，你也希望能像我阿嬤這樣，用平常心看待死亡，在活著的時候，好好處理自己的一切，然後清爽的走完自己的一生。那麼，請你不要等到老前整理，而是現在、隨時就開始好好整理！

善終的力量

接了一個很特殊的案例，讓我真心覺得，善終的力量非常強大。

這個預約者是家中的二女兒，已經嫁出去了，卻一直很希望可以改善家裡囤積的環境，給媽媽一個全新的養病空間。他們家裡一共有三個姊妹，二女兒每天都回娘家幫忙一下，也因為媽媽生病的關係，在外地的大女兒辭掉工作回來全職照顧媽媽，小女兒也非常孝順會幫忙煮菜等等，大家一起輪流。

當我環顧了每一個房間，覺得最驚訝的是，爸爸竟然睡在倉庫裡？

那是一個長條型的雜物間，裡面堆滿各種用不到的東西。鐵架上是一箱箱一袋袋塞滿的紙箱，以及過去長輩留下的古董大衣櫥，甚至還有5台電風扇（兩台壞掉）塞在走道上，原來的雙人床板只能上下堆疊在一起，變成很高的單人床，爸爸就長期窩在這個雜物間裡。

因為這30年來，客家爸爸愛物惜物，又灌輸三姊妹不準丟東西，因為很浪費，所以他們在處理自己的物品時，總是丟得很小心，眼神閃爍不敢確定，深怕被罵。再加上家中沒有人會收納，所有物品都是找一個箱子放、堆疊，找一個袋子放，再繼續堆疊。有進卻很少出的情況，讓整個家囤積大量物品，因為怕用得到所以都不丟，可是明明都有留著，即便要找，卻不知道在哪裡？這根本本末倒置。

當我們開始清理已經用不到的國中、國小課本，迅速放進資源回收的紙箱裡時，爸爸突然生氣，抓起書櫃上的書奮力往地上砸，對著我們大吼說：「對啦！你們就全丟好了，看看裡面有沒有你媽的財產好了！」

原來，爸爸討厭清東西，每次丟就生氣，一直用憤怒的情緒控制孩子。三姊妹長期活在「情緒勒索」裡，很辛苦。導致他們這些年無論怎麼整理，也整理不好。我看著爸爸，了解他憤怒下的武裝和逃避。其實爸爸知道媽媽癌末了，卻一直不肯到隔壁房間去看看她，寧可坐在客廳看一整天的電視，經過媽媽房間也只是在門口瞄一眼就走，兩個人的房間隔著一道牆，卻像一個世界這麼遠。

三個女兒太孝順，癌末媽媽只要一有任何需求，三姊妹都會搶著去幫忙，讓爸爸沒有表現的機會。時間久了，就像是被拒於門外，不知道也不會照顧媽媽，惱羞成怒的情況下，就再也不進去媽媽的房間了。

爸爸覺得，只要逃避，就可以不用面對媽媽可能會離開的事實。可是「整理」是一種儀式，一種宣告「關係結束」的行為，丟了這些東西，似乎就是在暗示「媽媽的終點要來臨了」，所以爸爸非常火大的生氣反應，是要阻止我們告訴他「終點來了」。

撿起爸爸砸在地上的書，我平靜告訴三姊妹：「沒關係！我們會處理。」當天晚上，爸爸喝了酒，對家人生氣、大吼大叫，三姊妹很害怕，問我怎麼辦？我告訴她們……

我理解爸爸的辛苦！他一輩子省吃儉用，沒有對自己好一點，卻願意把所有最好的金錢和物質留給孩子。一輩子個性固執、講話難聽，其實包裝起來的。他有很愛你們、很渴望保護你們的那顆心，只是用錯了方法！爸爸只會用生氣、憤怒來引起注意，殊不知害怕的反應卻讓你們的關係越來越遠。

希望你們寫信告訴爸爸，讓他知道，你們不是愛丟東西，而是面對這樣的家，面對雜物的無力感，你們喘不過氣。不使用的東西是全都是雜物，家應該要很清爽、很美好，尤其媽媽生病、肺不好，即使媽媽的房間整理得再好，其他空間累積的雜物，依舊會影響整個家的生活品質。

還要告訴爸爸，你們真的很愛這家。可是現在媽媽生病沒辦法整理了，請求他體諒一下，也放下自己的武裝，好好的信任你們一次，讓你們三姊妹繼續為家團結努力。同時也要說，你們心疼他一直和雜物睡在一起，心疼爸爸這35年來省吃儉用拉拔三姊妹長大，怎麼沒有對自己好一點？還要屈睡在倉庫裡！你們都知道爸爸的辛苦，也理解他一直被拒於門外的心情，知道他總是說不出好聽的話，但心裡其實是很疼你們。

老一輩的人東西都用藏的，收了、藏了什麼？其實根本忘記了。長輩很怕東西這麼一丟，會丟了重要東西，更怕丟掉回憶。面對家中的長輩，建立更美好的新回憶，才是最重要的使命，但這一點長輩很難懂。

以這家為例，沒有人可以預期生命何時殞落，但爸爸的行為其實是逃避，逃避任何家中一切，包含媽媽。他甚至覺得，「只要不說再見，媽媽就不會離去！」其實逃避解決不了問題！只會讓媽媽很痛苦，三姊妹委屈，爸爸也覺得自己很可憐。可是這麼做到底贏了、獲得了什麼？最後只是互相殘害……

難道……

一定要等人不見了，才要悔恨自己當初對他說的話這麼壞？

一定要等到人消失了，才要後悔沒有多陪他嗎？

一定要等到人再也無法出現在這個房子了，才後悔沒給他乾淨的環境？

也請你們打開心扉，認真寫信給爸爸，告訴爸爸你們真的很害怕，不知道媽媽還能多久？不知道自己還能為這個家做什麼？拜託爸爸幫忙。

爸爸對女兒最沒轍，這是最有用的方法，而且是連續三個女兒的央求！在爸爸大吼大叫的隔天，三姊妹遞出信件之後，爸爸在房間看完，默默不語。就在這時候，剛好二姊出門買東西，大姐在房間整理，小妹和助手在廚房整理，媽媽沒有人照顧。然後，我突然看見爸爸打開自己的房門，走出來，走進媽媽房間，昨天那個怒氣衝天的爸爸，看了女兒們的信之後，表情完全和緩下來，像一個慈父，靜靜的在媽媽病床旁陪伴她。

或許一開始有點尷尬，爸爸只是靜靜坐著，但很快的，媽媽就開始跟爸爸對話。當姊妹們發現爸爸走進去了，又驚又喜！大家都感動得快哭了，我暗示他們不要進去，故意裝忙，留給爸爸、媽媽一些獨處的時間。很快的，爸爸出來拿食物進去餵媽媽，一切都是這麼美好。

最後，家裡終於變得乾淨整齊了，爸爸走出來謝謝我，女兒們都好高興。透過這次收納，不只整理了他們的環境，還重新修復了他們之間的關係，讓這個最後的時刻，沒有任何遺憾。這是我做這個工作這麼久以來，最有成就的一次。

後記

整理後，家裡的氣氛有了很大的改變，大家都明白了，愛不是自私。看著媽媽被困在衰敗的身體裡痛苦，或許，死亡忙並不是最壞的結局。唯有離開壞掉的軀體，對她的靈魂來說才是最大的自由，對於死亡，最後大家都釋懷了。當然，爸爸也更把握時間陪伴媽媽，大家都勇敢說愛沒有遺憾。女兒甚至跟媽媽討論起，離開的那一天，到底時誰會來接她呢？三個月後的某天，天氣晴朗，媽媽像是刻意安排好的，選擇在那一天，一家人都在家的時候，家人圍繞在身邊時，說了很多話，最後溫柔說再見。後來爸爸說，他夢見過世的外婆來了，在房間門口喊了一聲媽媽的名字，媽媽就跟著一起離開了。我可以想像那個畫面，媽媽一定很開心外婆來接他了，好久好久沒有再聽過外婆叫他名字，現在他們一起回去了，會過得很幸福。

「人走了」代表的是，他會活在重要的人心中。愛，會永恆存在回憶裡。我們不知道生命何時殞落，所以更應該把握最後的日子，給家人最好的陪伴，留下最美好的回憶，那些誤會和逃避、武裝、恐懼，應該隨著雜物一起遠去。最後我為你們收納的，就是愛，還有好好說再見的能力。我是遺物整理師，我的助手也曾是病房護士，我們看過太多生命的終點。因病纏身的人很努力的活著，有時為了家人好，甚至一年撐過一年。但家人若不在此時覺悟，提前做好準備，一定會後悔。不少生命即將結束的人，時常會悔恨自己是如何對待子女、親友的，可是最後總來不及，帶著遺憾離開。

老前整理，是離世前的一種生前準備。說真的，當你整理好了，把焦點放在愛和最後的道別，一切都會是美好的。

遺物整理

遺物整理，是所有整理工作類別裡，最困難的一環，卻也是我從事收納工作這麼久以來，和其他整理師最不同的地方。我是遺物送行者，幫物品搬家到天堂。透過整理亡者的遺物，轉達他們最後想要訴說的一切。

從小，我就和別人不太一樣！我眼裡的世界非常擁擠，因為我總能看見大家看不到的東西，而它們其實跟我們沒什麼不同，可能只是有殘缺的身體，或者是失意的靈魂，最常見也最多的是在原地徘徊、孤寂的身影。

小時候我常常指著它們的位置，精準告訴爸爸媽媽：「廚房上面那裡有一個灰色叔叔」，也總是把爸爸媽媽嚇破膽，要我不能亂說。但是我沒有亂說，它確實在那裡。

長大以後，漸漸明白，盡量隱藏這樣特殊的體質，對我是好的。因為很多人會用好奇等種種眼光、原因想知道我的不同。但這其實沒有任何好處！我最大的不同，就是用不一樣的眼光，和這些看得到的一切，和平相處。

後來，我也知道我來這個世界上的使命，是渡化動物到另一個世界去。所以很神奇的，無論我在哪，遇到各種意外死亡的動物，舉凡鳥類貓狗等，我總能發現牠們的屍體，將牠們好好安葬，讓牠們好好離開，這讓我的世界很不一樣。也許是同情心，也許是同理心，我總能在這些靈魂身上，體會生死的奧妙。

遺物整理師

很多人說，要死之前的迴光返照，會變得身心舒暢，而且會突然看見不一樣的世界，甚至可以看見過世的親人來接他；我是相信的。

在我阿公在過世之前，身體已經衰敗到不行的他，坐在藤椅上。我看見，他跟以前一樣，下意識的從口袋拿出一根隱形的菸，然後拿著隱形的打火機點火，享受的吐出菸圈，但他的手上沒有菸，可是我卻好像看到他以前暢快抽菸的模樣。那天傍晚，陽光照著阿公，他越來越亮，好像要消失在陽光裡一樣。

隔天，他在房間突然指著前方，問阿嬤：「那裡有超多人在辦桌吃麻糬，你怎麼不去吃？」阿嬤一臉疑惑。那一天晚上，阿公就心肌梗塞離開了。我想，阿公好像也看到過世的親人來接他了。

大家總是迴避死亡的話題，覺得悲傷、覺得不吉利，所以當它真正來臨時，我們痛得招架不住、措手不及。其實死亡不可怕，生和死是相對的，我們開心迎接生的到來，也要滿懷感激死的離去。死亡不是結束，生命最終都會相遇。我們無法預期死亡何時來臨，害怕離別的孤獨，可是「若怕死，就更應該好好活」對吧！所以，每天跟你愛的人好好相處，不要有遺憾，好好說出你的愛，其實就是來這個世界上最有意義的事。特別是當我有了孩子以後，也很怕這天來臨。可是當我做好準備，明白只是時間早晚的問題，就不要緊了。因為，活著的時候我們擁有最美的記憶，即便下一秒死去，那些愛過的點點滴滴，都是最好證明。

也許是體質關係，我一直能很平靜地看待死亡，並且深深相信，死亡不是結束，生命最終都會相遇。我曾經因為自己的體質感到困擾，但當我能坦然面對的時候，發現我註定要接下「遺物整理師」這一個重擔。

面對親人留下的物品無法整理，需要人幫忙，並不是冷血不負責，而是死亡的打擊已經讓人哭斷腸。當再次回到亡者曾經生活的現場，回憶湧現歷歷在目，每一樣物品都彷彿都乘載了亡者的靈魂和記憶，讓人滿懷悲痛、遺憾和自責，難過到根本無法動手整理。

我的工作很特別，除了撫慰這些委託人，也藉由遺物整理，轉達往者最後想說的話。

我相信在遺物裡，能找到亡者和在世的人最寶貴的訊息。而且，透過整理遺物，能讓亡者能安息，也讓在世的人，放下對亡者的牽絆。

媽媽的遺物

屋主的家在高雄超核心的市中心地段，第一次走進她的家時，嚇了一大跳，將近百坪的房子裡，只住了他一個人。氣派的裝潢、豪華的旋轉樓梯、精緻的水晶吊燈。我站在超大的客廳跟她說話，連回音聽起來都寂寞。

「這是我媽媽留給我的房子 但是太大了，感覺不像家，比較像飯店。所以我常常邀請朋友來我家住，比較不會感覺空蕩蕩。」她一邊打開房間門，讓我看看每個房間的格局、擺放的物品，一邊跟我說。

樓下的房間改成她的工作室，壁面做了完整的收納。打開門片，映入眼簾的竟然全部都是滿滿精品名牌包，但她看起來絲毫沒有任何感覺。接著提起地上那只390元的購物袋，拿出裡面的手機確認一下訊息後，淡淡地告訴我：「這些都是我媽的包包，我最常用的就是這購物袋。」

一瞬間我突然懂了！這個女孩和媽媽的價值觀，懸殊好大。看得出來媽媽是一個奢華的貴婦，吃的、用的都要是最好、最頂級的，但卻有一個超簡約、超樸實的女兒。或許是，很少有人能聽聽她說話，也或許是太寂寞，我們一起整理家裡的時候，她說了好多自己的故事。這也是第一次，我打從心裡覺得，有錢並不一定是件好事。

「每個人看到我家，看到這些，都會驚呼好好喔！很羨慕！但你知道嗎？這是我悲慘的童年換來的。

我有一個弟弟和一個妹妹，小時候爸爸、媽媽經商，賺了非常非常多錢，但因為無暇照顧我們，分別把我們託給不同的保母照顧，我跟爸爸、媽媽甚至弟弟、妹妹其實很不熟。但我很愛我的保母，她就像我的親生媽媽一樣，愛我、疼我。保母家並不富有，但對我來說，在保母家是最幸福的時刻。

直到有一天，爸爸的公司無預警破產了。爸爸、媽媽為了離婚激烈爭吵。我永遠不會忘記，很少出現的爸爸，竟然親自來保母家門口接我了！我好高興想要出去迎接爸爸、媽媽，但我聽見了他們的對話我停住了。

爸爸對保母說：『我們沒錢沒辦法給你帶了，小孩我們不要你送去育幼院好了。』再見！我看見保母拉著爸爸哭求說她不要錢！不要把這孩子送去育幼院！

我腦中一片空白，我忘了自己是怎麼長大的。在我有記憶的童年裡，爸爸、媽媽、弟弟、妹妹，這些大家最親密的家人，對我來說都陌生的像路人一樣。

爸爸、媽媽後來離婚，媽媽改嫁到日本。即便爸爸後來事業又再創高峰，想拉近我們之間的距離，但當初的那句話、那些事，對我來說都是永遠的傷害！

媽媽改嫁到日本之後，也許是窮怕了，很拚命很拚命的賺錢。對她而言，好像唯有財富才能證明一切。她非常努力有了成績，在日本也有非常多的房地產。但是，當她發現身體有異狀時，已經癌末了。

媽媽立刻飛回台灣，請最好的權威醫生幫她醫治、做手術，但因為病情惡化得太快，短短4個月左右她就走了。這4個月是我照顧她，也是我出生以來，跟媽媽最靠近的4個月。即便很陌生、即便疏遠了這麼久，血濃於水的親情還是存在。最後，她還是走了，我難過了很久……」

我一邊聽著她的故事，一邊收納著櫥櫃裡鑲著金邊的奢華下午茶器皿。我可以了解，這些高檔的物品，為什麼在她眼裡一點意義也沒有。

「你們看似風光的這一切，是我悲慘的童年換來的。」她苦笑做了一個故事的完結。

當我們整理完高雄的豪宅，我要離去的時候，「能不能陪我去整理媽媽台北家的遺物？從她走後的3年，我沒有勇氣再踏進去。但是繼父希望把房子賣掉，所以要我盡快處理。」她突然停頓深呼吸，鼓起勇氣問我。

我其實是特殊體質，常常會因為感應干擾而身體不適、嘔吐，但接這樣的案例卻絲毫沒有考慮就答應。因為我在女兒眼裡看見無助的神情，只有我能幫她了，我一定要幫！

來到女孩媽媽在台北的家，覺得人生有點很可笑。有的人，要到死後才能體會現實的可恨。那些媽媽畢生賺來的資產和房產，最後落得被繼承人變賣的下場。那些媽媽數不清名牌包和衣物，在還沒準備好的情況下，被自稱是「媽媽閨密」的好姊妹，假借關心來看看這個家，像禿鷹般一個個瓜分掉。人生最後剩下的是最真心的女兒，可是女兒卻活在媽媽已經走了的痛苦裡，久久不能自己。

我們淨空了所有媽媽的東西，送人、捐贈、義賣，送給流浪狗基金會的，讓這些物品延續「善的循環」，給了需要的團體。生病時的X光片和所有會聯想起當時痛苦的

東西一併丟棄。最後，我們只留下一件皮草大衣。

「那是媽媽生前最喜歡穿的大衣，每一次她穿都有女明星的氣勢。」女兒說。

我們讓媽媽最美的樣貌，留在女兒的回憶裡，還留下了一個橘色的琉璃的小南瓜。跟家裡眾多藝術品比起，這南瓜私毫不起眼，卻是癌末的媽媽最常拿在手上把玩凝望的小東西。

人生不過是呼吸吐納之間，生不帶來，死不帶去，最後剩下這些足以證明。當房間恢復到完全沒有人住過的痕跡，回復到了空屋的狀態，好像也把那些痛苦的回憶歸零；更象徵女孩告別了母親。

女兒非常勇敢，全程忍著激動情緒，聽著我的指令分類物品，然後整理，最後打包、裝箱。我要離開的時候，她紅著眼眶跟我說謝謝，我勉強擠出「加油」兩個字。我不能多說話，因為情緒滿溢，轉過身我走的時候也流淚了。

親愛的，你知道嗎？我去家裡的時候，妳媽媽是真真實實的不在了，她不在房裡的任何一個角落，沒有痕跡。所以請妳放下吧！這裡只剩物品。物品只是媽媽使用過的東西，回憶才是最真實的存在……

十年後的遺物

人通常沒有想過，自己若死了之後，留下大量囤積的物品，會讓子女或是在世的人，痛得無法面對，甚至變成無法觸及的那一塊。失去親人的痛已經很難承受，面對物品時，更是睹物思親。用對方立場去看待每一樣物品，每一次的面對，都是折磨。

屋主已經過世10年多，女兒從屋主過世以後的10年多來，都沒有回到這裡。

因為女兒一直想逃避，也任憑房子凋零、物品毀損，但她還是沒有勇氣，也沒有能力面對；直到她跟我預約。但是這中間很奇怪，我們約了很多次，總是不成功，因為屋主女兒老是延期。剛開始我不懂為什麼，直到走進這個家，才明白！面對媽媽的遺物，她一直沒有準備好，現在她終於肯面對了。

當我走進媽媽的房間，那是間一房一廳的小空間。牆上掛著的日曆，停留在民國93年12月28日，卻沒能再撕下一頁的老舊日曆。當我再仔細看一次，發現日曆右邊有一行字，上面寫著：「永遠要找一個對你來說太大的工作。」一瞬間我突然覺得，冥冥中有註定，（甚至覺得）這是往生的媽媽請我來的。

打開衣櫃，我坐在衣櫃前閉上眼睛，在心中默默說著：我來幫助你清理這些物品吧！

於是，懸在心上延宕10多年的遺物，讓一位「有一個做太大工作的人出現，讓這間房子有了曙光，房子的命運重新被改寫！」

我的體質其實比較特殊，很容易收到磁場干擾不舒服，加上遺物的淤積氣如果沒有處理好，會讓我生大病。所以遺物整理對我來說，確實是非常大的挑戰。但看來我無論如何都要幫忙，因為如果連我都沒辦法，實在不知道還有誰能幫忙他們。

遺物整理並不像一般的整理，可以不用管，大量的清掉、丟掉，而是要謹慎面對每一樣東西，仔細找出屋主真正留下的訊息和軌跡。也讓在世的人，能得到心靈上的安慰，重新面對和往生者的連結。

透過整理往生者的物品，屋主的樣貌開始鮮明起來。漂亮的旗袍繡花鞋、繡滿珠珠的包包、精緻的玉鐲……每一樣東西都呈現了她在世時的品味與氣質，我彷彿就看到她在我眼前。

房間不大，卻放了5個衣櫥，幾乎衣櫥占據一半空間，每個衣櫥裡塞了滿滿的衣服，

28
12
十一月十七日
星期二

但奇怪的是，大多數的衣服都放花袋裡沒有打開，甚至連吊牌都沒有拆。看得出來是從買回來那一刻，就原封不動放進衣櫥裡。

「她真的很愛亂買，買了還不穿亂花錢！」女兒面對媽媽大量、全新放在袋子裡，卻從沒穿過的衣服和鞋子，便開始氣憤的說著。

「我媽媽是我的養母，對我非常嚴厲，小時候稍微叛逆、不順她的意，就一巴掌打過來，我總是被罰跪到天亮。所以出社會後，我就一直在台北都沒有回來。但還是會固定寄錢給她！我每個月給的錢，她應該都拿來買這些了吧？」對媽媽的不滿，她持續在整理中說出來。

「你和姊姊出社會之後都沒有再回來，媽媽一個人在嘉義，年老沒有人陪伴。唯一能做的，是出門逛街，和店員聊天，也許聊聊自己、聊聊你們。買了大量的衣服，只能回家原封不動放進衣櫥裡。少了你們，她還是很寂寞，很空虛……」聽了她的敘述後，我回應。

當我說完，她突然沉默不語。接著，低著頭打開化妝台抽屜，看見抽屜裡媽媽珍藏的全家福照片，突然鼻子一酸……那種覺是，「無論以前多麼恨你、生你的氣，當你不在了，孤單的我找不到人生氣了……」

然後，我們又找到一封沒有拆開的信，宛如電影《海角七號》的劇情，信是媽媽的弟弟多年前寫的，裡面的內容是當時欠了姊夫 1,000 美金，必須要償還。令人難過的是，寫信的人、收信的人，以及得到錢的人，都已經在另一個世界了，遲來的信卻一直沒有拆封。

最後，我們整整清出兩屋子的雜物和家具，坐在滿到天花板的垃圾裡拍照，突然有一種感觸：「我們清掉了一個人一生的累積。」

請了清運公司和一台台搬家卡車，才順利把所有物品載走。當空間變回空無一物的房間時，女兒好像鬆了一口氣，總算完成媽媽最後的事情。看著看空無一物的房間，那些媽媽生活的軌跡已歸零，心酸之後，留下的是更多面對後的感動。

親愛的，你很棒！即便花了10年才準備好要面對媽媽的遺物，但每個你經手過的東西，都是對母親最好的道別。死亡不是重點，生命最終都會相遇的。

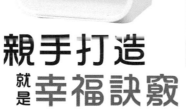

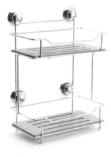

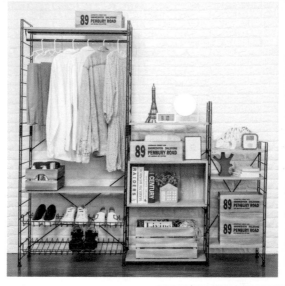

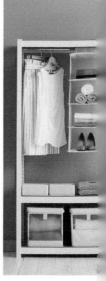

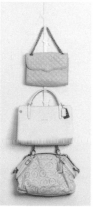

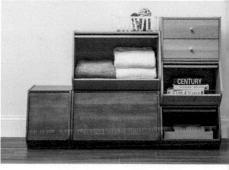

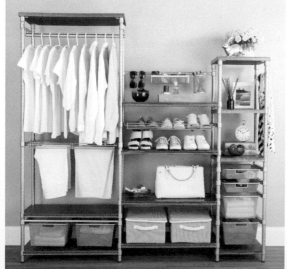

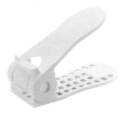

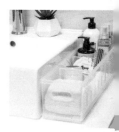

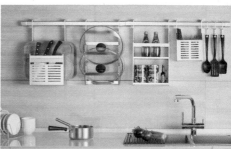

作　　　　者	廖心筠	
責 任 編 輯	蔡穎如	Ruru Tsai, Senior Editor
封 面 設 計	走路花工作室	aruku hana workshop
內 頁 編 排	林詩婷	Amanda Lin
行 銷 企 劃	辛政遠	Ken Hsin, Marketing Executive
	楊惠潔	Gaga Yang, Marketing Executive
總 　 編 　 輯	姚蜀芸	Amy Yau, Managing Editor
副 社 長	黃錫鉉	Caesar Huang, Deputy President
總 經 理	吳濱伶	Stevie Wu, Managing Director
首 席 執 行 長	何飛鵬	Fei-Peng Ho, CEO

出　　　　版　　創意市集

發　　　　行　　英屬蓋曼群島商家庭傳媒股份有限公司城邦分公司
　　　　　　　　Distributed by Home Media Group Limited Cite Branch

地　　　　址　　104 臺北市民生東路二段 141 號 7 樓
　　　　　　　　7F No. 141 Sec. 2 Minsheng E. Rd. Taipei 104 Taiwan

讀者服務專線　　0800-020-299 周一至周五 09:30 ～ 12:00、13:30 ～ 18:00
讀者服務傳真　　(02)2517-0999、(02)2517-9666
FB 粉 絲 團　　https://www.facebook.com/InnoFair
E - m a i l　　創意市集 ifbook@hmg.com.tw

城 邦 書 店　　城邦讀書花園 www.cite.com.tw
地　　　　址　　104 臺北市民生東路二段 141 號 7 樓
電　　　　話　　(02) 2500-1919　營業時間：09:00 ～ 18:30

I S B N　　978-957-9199-36-0
版　　　　次　　2018 年 12 月初版 1 刷／ 2023 年 4 月初版 7 刷
定　　　　價　　新台幣 350 元／港幣 117 元

製 版 印 刷　　凱林彩印股份有限公司

國家圖書館預行編目 (CIP) 資料

從家開始的美好人生整理：台灣收納教主的奇蹟空間整頓術，真正克服囤積，找回更好自己的日常幸福實踐 ／廖心筠著 .-- 初版 .-- 臺北市：創意市集出版：家庭傳媒城邦分公司發行，2018.12
　面；　公分

ISBN 978-957-9199-36-0（平裝）

1. 家政 2. 家庭佈置

420　　　　　　　　　　　107018476

香港發行所　城邦（香港）出版集團有限公司
香港灣仔駱克道 193 號東超商業中心 1 樓
電話：(852) 2508-6231
傳真：(852) 2578-9337
信箱：hkcite@biznetvigator.com

馬新發行所　城邦（馬新）出版集團
41, Jalan Radin Anum,Bandar Baru Seri Petaling,
57000 Kuala Lumpur,Malaysia.
電話：(603)9057-8822
傳真：(603) 9057-6622
信箱：cite@cite.com.my